實戰
Scratch x Arduino
運算思維能力養成

1010110101010101
10101

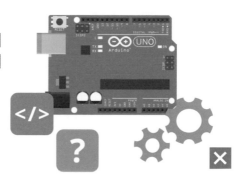

敘述力、變數力、邏輯力
重複力、模組力、抽象力

推薦序

　　程式設計一直以來都是以複雜的文字語法來書寫，但對於一般人來說是相當不友善且困難度極高，尤其是國中小的學生。Scratch 是一種編程語言，適合中小學或完全初學的朋友，使用圖形化拖拉程式設計方式。透過簡單的方式體驗程式設計的背後邏輯運作原理。學習程式設計的最大重點，在於建構「計算性思維」（Computational Thinking）的能力。Scratch 以簡易的方式體驗撰寫程式的樂趣，讓人們、甚至孩童，都能輕易的創造互動遊戲或動畫。

　　Arduino 的出現讓沒有學過電子相關知識的人也能夠使用它製作出各種不同的應用，大大降低了互動設計的門檻。S4A 全名「Scratch For Arduino」，顧名思義，它是在 Scratch 的基礎上開發完成提供了對 Arduino 的支持，設計者可以很容易透過 Arduino 主板和許多的感測器設計出由電腦外部電路來控制互動遊戲或動畫。

　　吳老師的「Scratch 和 Arduino 專案整合大全」由基礎的 Scratch 介紹，透過實際的例子深入淺出學習 Scratch 的用法，並於後面的章節加入 Arduino 的硬體應用，內容充實且完整，不論是 Scratch 初學者亦或是想了解硬體互動的使用者，都是一本很好的教材。

吳志文於彰化

自序

　　拜網路與資訊科技之賜，各式行動資訊設備與物聯網正如火如荼的展開另一波的世紀革命，各國也體悟此科技浪潮，為了維持國家整體的競爭力優勢，開創更多的可能性，全力發展 STEM 教學策略，並將程式設計的學習課程，向下延伸到國小，甚至幼兒園基礎教育階段，由國家制定相關運算思維程式教育推廣方案與應用教學，讓學童能從小學習如何透過程式與資訊設備溝通，俾便掌握未來的生存與話語權！

　　學習程式語言不是熟記硬背下各式語法！教育部在 107 年度課綱中，將程式語言的學習課程列入國中的正式課程中，國小則強調以培養學生運算思維之能力為主軸！藉由運算思維的培養，打好國中學習程式設計時的基礎！接踵而來的問題是，什麼是運算思維？它和程式設計與程式語言學習有什麼關連？如果在現行的國中小課程中再加入這些課程，會不會更增加學生之學習負擔並排擠其他課程之學習！在不變動現有的國小課程中，是不是可以將運算思維的概念融入來進行教學，讓學生在學習完既有的課程之後，就可以建立好相關的基礎能力，讓國中進行正式的電腦與程式設計課程時，能事半功倍學好程式設計！運算思維又和現在的電腦學習以及程式學習有什麼關連？它是不是另一種資訊融入教學？國中小非資訊本科系的教師，如何在此浪潮下掌握運算思維之概念與技巧進行課程教學！許多非資訊科系的教師，在閱讀目前許多指導運算思維的文章時，發現原本已經夠抽象的運算思維，變得更抽象了，能不能用非常簡單淺顯的說法來學習運算思維的概念呢！在此提出最基本的六大法則，讓非資訊科系的教師和學生能在最短的時間內，具體的習得基礎的概念並將其轉換運用在一般日常生活課程上！

第一招：可預測性與邏輯性

這是運算思維與程式設計裡，最核心也是最基礎的概念與訓練，在國小自然領域裡，能形成預測式的假設，相同的操作會有相同的結果，透過可預測性建立電腦邏輯概念。例如國小三、四年級自然科技領域中的力與運動，從能力指標定義知道要表達物體的「位置」，應包括座標、距離、方向等資料。這種透過位置的預測來進行可預測性與邏輯性是容易且可行的，code.org 網站就有許多的學習範例是以這種遊戲人物位置的改變來學習基礎觀念。這些案例在日常生活中都是隨手可得，諸如天上一堆烏雲就表示可能要下雨了，出門就要帶把傘；把手放在火的上方，越靠近會越熱，甚至會燒燙傷等等。

第二招：演算法

在這裡指的，不是僅針對資訊科系學的那種複雜的二元樹排序法、加解密演算法等等，請特別注意，它不是指某個計算公式，而是指完成某件事的一系列有序的方法，可以說是廣義的演算法，例如做餅乾的方法、汽車導航系統（最短或是最快路徑）、各式實驗的步驟方法等。在現有課程中，各種的自然實驗就是廣義的演算法，其實它早就存在了。

第三招：解構

處理大型專案必備良藥，也就是將演算法程序再度細分，讓工作更細緻化、精確化，這樣可以確保合作與分工。這種解構的訓練，例如語文領域將故事利用 5W1H 法細分，透過誰？何時？何地？何事？何物？做什麼？指導學習者將故事解構！也可以把自然科實

驗過程解構，再解構！透過這個過程更能了解完成事物的有序方法（演算法）。

第四招：歸納模組化

說白一些，解構的目的就是找尋相似性的事物給予重構，也就是進行模組化的作業！模組化的主要目的，就是利用電腦的可快速重複執行的特性，將執行的過程給予函數模組化，讓它達到可重用性！這是正式的程式設計中很重要的一環！很抽象？以節奏教學為例，我們可以利用節拍尋找同樣的節拍，再將節拍重組產生更多且不同的節奏！再例如透過 5W1H 法解構出來的物件進行重組，就可以產出無數的新故事！事實上，未來就是要將這些化為程式物件的方法或函數，達到快速且重複執行的優勢！

第五招：抽象化

這是最難的部份，必須能具有模組化（概念化）的觀念之後，才能更進一步的指導！例如麵包機就是一種抽象化之後的具體機器！市面上有很多種不同廠牌的麵包機，只要把原料放進去，啟動電源，就會做出麵包！程式設計也是類似的抽象化概念，例如將一個圖檔傳入一個壓縮類別的函數中，它就會產出一個壓縮好的檔案，這個壓縮就是一個抽象化的函數庫！

第六招：評價

評價是一門藝術，並不是正確完成即可，它可以考慮的因素非常的多，諸如價格、效能、投入產出比、最快、最少資源、最節能等等，通常不會只有一個唯一答案，而是依需要會有不同的最佳解決方案。

以上這六招，以簡單輕鬆的角度來認識這個運算思維概念，做為日後學習的基礎！為能熟悉並應用此運算思維理念，須建構完整的運算思維程式設計鷹架課程，讓學生得以由淺入深、由點而面、由具體而抽象，透過此完善鷹架課程，深化程式設計力，培育國家廿一世紀的科技人材！

本書透過 Scratch 以及 Arduino 的課程，培養初學者能夠從實作中習得運算思維及物聯網的基本概念，書中的內容皆以實際的範例為主，以程式六力（敘述力、變數力、邏輯力、重複力、模組力及抽象力）為主軸，並配合初級的系統開發的架構概念，讓學習者不光只是學到 Scratch 與 Arduino 的語法與操作，更可以在此基礎概念下，踏入學習其他正式文字形的程式語言（如 Python、Java 或 C++）。

在此感謝彰師大吳志文老師，開發出一套適合初學者使用的 Arduino 感測器套件及擴充版，配合擴充版可以讓初學者避開使用傳統的麵包版接線方式，減少接線錯誤，大大增加學習的樂趣。本書使用的套件盒就是志文老師的心血結晶。

最後期望本書能夠帶給人家一個豐富而有趣的 Scratch 與 Arduino 程式之旅。

吳紹裳

2018 年 6 月

本書特色

本書由 Scratch 與 Arduino 二部份組成，透過日常生活中常見的實例，從做中學習得運算思維的基礎知能。利用 Scratch 積木式程式語言，培養關鍵的程式六力（敘述力、變數力、邏輯力、重複力、模組力、抽象力）為主，透過每單元的實際範例，讓學習者可以學習到此關鍵六力，並透過實際操作學會 Scratch 積木程式語言，為日後學習其他文字型的程式語言打好基礎。

在 Scratch 動畫故事中，提出一般故事腳本的三幕二轉折的結構，並佐以心智圖、SMART 創意故事寫作法及動畫程序表等，學習者可以習得運算思維系統化的構思，對於參加國內 Scratch 貓咪盃等競賽，將能如虎添翼創造佳績。

此外，本書 Scratch 章節圍繞著以下學習口訣：

十字座標	中心為零	是非邏輯	千變萬化
左減右加	下減上加	迴圈要點	生生不息
異動ＸＹ	動畫之基	熟此心法	必成大業
碰撞偵測	遊戲之礎		

學習者學到的不僅僅是 Scratch 的操作，而是整個遊戲與動畫設計的基礎核心概念，可以充份養成程式設計的核心能力。

建立 Scratch 程式基礎後，後面的單元章節介紹 Arduino 與各式零組件的基礎知識與整合運用，透過日常生活中的實例，如紅綠燈、居家安全偵測（熱敏電阻、光敏電阻、紅外線、蜂鳴器等）及遊戲搖桿等從做中學的單元，快速的掌握 Scratch 與 Arduino 的協同工作能力，也同時學習各式感測器的基礎原理，結合軟硬體學習，培養下一世代的生活能力。

目錄

7 CHAPTER 動畫故事

8 CHAPTER 撿球的貓

9 CHAPTER 馬路如虎口

10 CHAPTER 用動畫說故事

11 CHAPTER　打地鼠遊戲

12 CHAPTER　用音樂說故事

13 CHAPTER　天降神兵

17 CHAPTER 火災警報器

18 CHAPTER 夜間警衛

19 CHAPTER 搖桿迷宮

01

認識程式

程式設計簡單理念：運算思維（Computational Thinking）以學習「程序化」之能力為首要。此程序化並非指程式設計中之函數（function）或程序（procedure）之狹義定義，係指「將完成任務之過程予以步驟化」之廣義定義。

當面對一個問題時，將問題先拆解成許多小問題，找出這些問題的規律性，透過程式語言的編寫，讓電腦可以一再重複的執行這些解決問題的過程，這種處理問題的態度與思考模式，需要不斷的學習。

1.1 星際大戰

首先從有趣的遊戲開始，學習「依照一定的指示完成一件工作」是一件很有趣而簡單的事！就從 code.org 開始程式設計的學習之旅吧！

語言選擇

首先打開瀏覽器，進入 code.org 網站：https://code.org 進入後會要求選擇使用語言，如左圖，請下拉選擇需要使用的語言。

選擇繁體字

可以使用的語言很多，一直往下拉，選擇「繁體字」後，按下「提交」按鈕。

出現完整使用畫面

選好了繁體字之後，出現完整的使用畫面。

請用滑鼠點選最左邊「學生」的連結按鈕。如左圖紅色框選處。

 學生使用頁面

點選「學生」連結後會出現
如左圖的使用畫面。

它有適合不同年紀的教學課
程,先暫時不理它,請把頁
面向下拉。

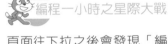 編程一小時之星際大戰

頁面往下拉之後會發現「編
程一小時」快速學習區,這
裡有四個遊戲,每一個都可
以玩玩看。

以星際大戰為例,請點選如
左圖紅色框選處。

 開始星際大戰遊戲

等不及想要玩玩看了吧!

請點選「快來試試」按鈕,
進入遊戲畫面。

星際大戰簡介影片

進入後會出現星際大戰的簡
介說明影片,不想看的話,
可以直接按下右上角的「X」
按鈕把影片視窗關掉。

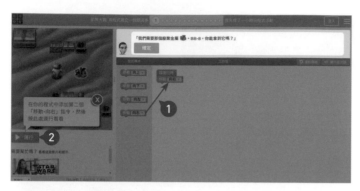

任務說明

每一個關卡上方都有任務說明，看完之後按下「確定」按鈕，開始遊戲。

注意左邊也有簡單的操作說明。

拖曳積木

現在用電腦滑鼠來組合積木！

拖曳「移動向右」的積木到工作區域，並且接在第一個積木下面，如左圖所示。

接好了之後，就可以按下「運行」按鈕，執行這個程式，這時可以看到機器人向右走了二步。

挑戰成功，繼續下一關

成功執行之後，會出現如左圖畫面，請按下「繼續」按鈕挑戰下一關，關卡會越來越難，要學會大膽假設小心求證。

星際大戰的遊戲全部闖關完畢之後，別忘了還有其他的一小時編程遊戲可以挑戰，冰雪奇緣也是相當好玩的遊戲，值得試試。

1.2 自我學習

經過一小時編程的遊戲，對於程式設計是不是更有信心！接下來是更多的自我學習，讓能力可以在短時間內突飛猛進。

學生自我學習課程 2

請回到學生頁面，點選課程 2，如左圖。

可不可以從課程 1 開始呢！當然可以，課程 1 是非常簡單的課程，有空也可以試玩。

學生課程 2 頁面

課程 2 裡有許多建立好的自我學習課程，其中「不插電的活動」是指不用電腦的學習活動，這裡可以先行忽略，不用去理它。

直接進行 3. 迷宮：序列的課程，請點選 1，如左圖所示。

說明教學影片

如同星際大戰一樣，出現說明教學影片，不想全部看完，也可以直接按下右上角的「X」關閉影片視窗。

教學說明

學習之前，請看一下上方的任務教學說明後按下「確定」按鈕。

完成程式

第一關很簡單，要抓住頑皮的豬，要向前移動二步，所以拖曳二個「向前移動」積木到工作區域，並且將積木接起來。

積木拖曳完畢，別忘了按下「運行」按鈕執行程式。

挑戰成功

左圖為挑戰成功的畫面。可以按下「繼續」按鈕前進到下一關。

課程 2

課程 2 適合有閱讀能力但沒有編程經驗的學生，在課程中，學生會學習建立程式以解決問題，開發並分享互動式的遊戲或故事。建議年級 2-5。

完成的課程出現綠色點

如果回到課程 2 會發現，完成的課程會出現綠色的點，表示這一關挑戰成功。

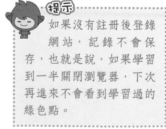

提示

如果沒有註冊後登錄網站，記錄不會保存，也就是說，如果學習到一半關閉瀏覽器，下次再進來不會看到學習過的綠色點。

 課程 19：小藝術家

課程 2 共有 19 個小課程，難度隨著課程越來越高，以下圖為例，是不是有點難度了呢！

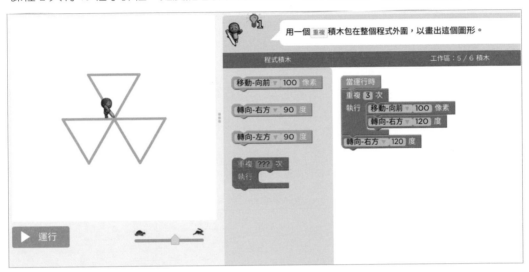

Code.org 是個非常好的自我學習網，非常適合自我學習充實各項能力，打好正式學習 Scratch 程式設計的基礎。

1.3 結語

學習完本章節，相信已經可以使用積木組合出程式，對於積木式程式語言的操作也有一定程式的熟悉，接下來就是準備正式進入 Scratch 的學習殿堂了。

M · E · M · O

CHAPTER

02

探索 Scratch

學後成果：今日資訊產品與行動裝置隨手可見，但是這些硬體設備要能夠工作，就必須要依賴工程師撰寫可以讓硬體工作的命令，然後輸入到這些硬體設備裡，它們才可以依據指示進行各項工作，因此可以得知，未來各項智慧產品，舉凡智慧電視、手機、平板、智慧家電、機器人、自動駕駛車等等等，都必須要有大量的程式工程師來賦予這些硬體設備生命力，所以試想一下未來的社會，程式設計的能力是多麼重要啊！

經過本章的介紹與學習，你可以學會：

- ⊘ 知道什麼是程式設計
- ⊘ 認識 Scratch 積木式程式設計
- ⊘ 會使用 Scratch 線上版及安裝 Scratch 離線版
- ⊘ 可以做出一個簡單的 Scratch 應用程式

2.1 關於程式設計

首先從日常生活中最普通不過的一件事來談起，假設要拿桌上的茶杯去裝水來喝，你一定會說：還不簡單，就去裝啊！

是的，非常簡單，但是如果認真去想，如何命令機器人去裝呢？如果把裝水的動作認真思考一下，就會發現日常生活中的小動作其實並不簡單，試想一下，這個小動作其實可能包含底下的更小的動作：

1. 覺得口渴
2. 眼睛看到茶杯
3. 舉起右手 90 度
4. 右手往前伸
5. 碰到茶杯拿起來

6. 雙腳施力站起來
7. 轉動身體走向水壺
8. 倒水
9. 走回座位

如果再認真往下思考，「倒水」是不是又包含了許多動作呢？如果茶壺沒有水呢？是不是因為不同的情境又會有不同的動作與思考！

當為了解決問題，將解決問題的工作有序的細分，找出有效能的解決方法，這就是運算思維。

當找出解決問題的有序步驟之後，就是要把這些步驟使用程式語言編寫出來告訴電腦來執行工作，世界上有許多種不同的語言，同樣地，在電腦的世界裡也有許多種不同的語言，例如底下介紹的幾種常見語言。

```
51  class EnrollAdd(LoginRequiredMixin, CreateView):
52      model = ChuSaiTbl
53      form_class = ChuSaiForm
54      template_name = 'enroll/enroll_add.html'
55
56      def form_valid(self, form):
57          enroll = form.save(commit=False)
58          enroll.user = self.request.user
59          if form.cleaned_data['le_bie'] <= 2:
60              enroll.yu_xi = 0
61          # yu_xi = self.request.POST.get('yu_xi', 0)
62          # enroll.yu_xi = yu_xi
63          qiang_diao = self.request.POST.get('qiang_diao', 0)
64          # if qiang_diao: enroll.qiang_diao = QiangDiaoTbl.objects.get(pk=qiang_diao)
65          return super(EnrollAdd, self).form_valid(form)
66
67
68  class EnrollEdit(LoginRequiredMixin, UpdateView):
69      model = ChuSaiTbl
70      form_class = ChuSaiForm
71      template_name = 'enroll/enroll_add.html'
```

Python 語言

左圖為 Python 語言的長相。

Python 語言由於簡單易學，而且可以很方便的在不同的電腦系統中使用，再加上它有非常大量的程式庫以及他人寫好的分享程式碼，所以近年來被大量使用在教學以及程式設計上。

左圖為 C++ 語言的長相，在未來也會有機會學習它，因為要控制即將學習的 Arduino 微控制器，它的底層就少不了這個。

C 和 C++ 語言（目前幾乎都是使用 C++）可以非常有效率的和機器溝通，所以各式硬體設備的驅動上，常少不了它的身影。

左圖為 Java 語言的長相。

Java 語言是目前常用來開發 Android 手機程式的重要語言，如果未來要開發各式 App 給許多人使用，就必須要學習此種語言。

看到這裡，一定一個頭二個大，我的天啊！都是英文，都是奇奇怪怪的「有字天書」，叫我怎麼學啊！相信，這個困擾是所有初學程式設計者都會出現的第一個念頭，因此有許許多多的人，因為語言的隔閡而打退堂鼓，實在可惜。

別急別急，先不要急著放棄學習程式設計，讓我們繼續看下去。

2.2 初學程式設計的救世主：Scratch

看完第一節，覺得學習運算思維程式設計是痛苦的，相信沒有人會否定這個答案。確實，要從最基礎的語言開始學起，再加上是使用英文，對於非英語系的國家，小學生學起來是相當不容易的。就算是英文系的國家，要能夠完整的學習這種程式語言，也不是小朋友可以接觸的世界，所以美國的麻省理工學院媒體實驗室就為了幼兒的程式學習，開發了一套不管是大小朋友都可以很容易透過它，快樂無痛的學會程式設計的各項基礎概念，它的名字就是 Scratch，現在就讓我們直接上網來看看它的長相。

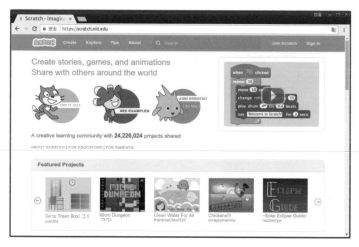

前往 Scratch 網站

請打開瀏覽器，在網址列輸入：scratch.mit.edu，就可以到達 Scratch 的官方網站。

如果第一次進來看到都是英文也別怕，請繼續跟著走。

更換為中文網頁

利用右邊的滑桿，將網頁拉到底，會看到如左圖的語言選擇下拉框。

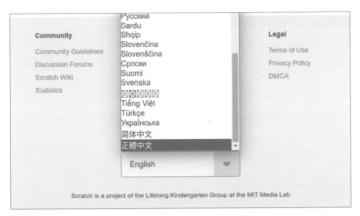

選擇正體中文

下拉找到正體中文之後點選它即可。

全中文化的網頁

經過上一步驟，果然網頁全部都中文化了！

注意左圖「精選專案」，底下有非常多別人寫好的遊戲或是動畫故事，用力大膽的按下去，玩玩看吧！

試玩一下

隨便點選一個精選專案，呈現的畫面不一定如左圖喔。

重點是，左圖畫圈的地方是一面綠旗，點擊它就可以執行程式。

上方有二個按鈕，綠色旗也是執行按鈕，紅色圈圈是停止程式執行按鈕。

右上方有一個按鈕「觀看程式頁面」，點選它就可以進入程式設計畫面。

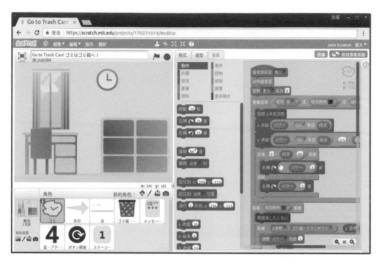

這是？

當點選「觀看程式頁面」按鈕之後，會出現如左圖的畫面，有沒有發現，它不再是一行行的英文了，而是一塊塊的積木，所以學習 Scratch 就是學習如何去組合這些積木。

2.3　那隻貓

利用 Scratch 寫程式真的那麼容易嗎！先來試試看吧。

創造一個新程式

回到首頁，點選左上角的「創造」按鈕，就可以進入到類似剛才精選專案的畫面，但是除了一隻貓在舞台中間之外，其他都是空白。

回到首頁，點選左上角的按鈕，就可以進入。

初次進入畫面

左圖為初次進入畫面。

畫面舞台中間就是 Scratch 的代表物：貓。

右邊紅色框的部份就是 Scratch 提供的線上教學教材，可以依照它的教材一步步自我學習。

接下來請點選右上方的「X」按鈕，先關閉教學畫面，好好的研究一下整個畫面。

基本功能介紹

Scratch 的功能不少，我們將在課程中一一介紹，現在請看下圖：

1 有沒有看過？這就是開始和停止按鈕。

2 座標值，滑鼠移到貓身上可以觀察小貓的座標位址，滑鼠移動座標也會顯示目前滑鼠的所在位置。

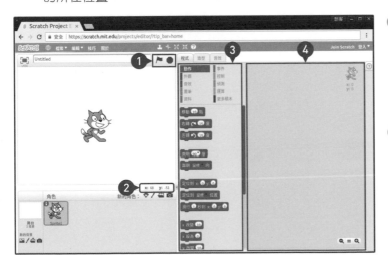

3 角色的程式積木方塊區，這個區塊就是未來的學習重點，要學習各個積木的功能以及積木和積木之間的相依性。

4 最右邊就是程式區，把不同的積木用滑鼠拖曳過來組合成可以執行的程式。

關於座標值

檢視一下下圖，左邊空白的地方叫做舞台，就像是演員表演的地方一樣，而 Scratch 裡的演員叫做角色。

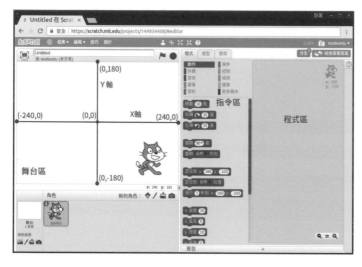

一個舞台上可以有許多不同的角色（演員），角色和角色之間站的位置就是座標值。

當然舞台是有大小限制的，Scratch 的舞台大小是 480 X 360，中間是原點，所以左右是 240 而上下就是 180。

如果不太能夠了解座標的概念也不用心急，未來這些都會一一深入介紹和使用。

用積木寫程式語法

依照左圖學習用積木寫程式語法！

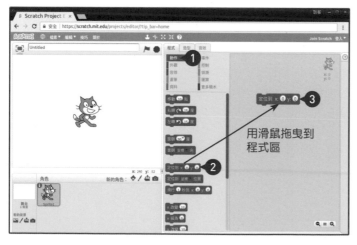

❶ 點選「動作」（注意上面是不是程式分頁，因為上面還有這個角色使用的造型分頁和音效分頁，每個分頁有不同的功能選項）

❷ 找到 定位到 x: 0 y: 0 「定位到 x: y:」的積木，用滑鼠左鍵點選它，按住滑鼠左鍵不放，把它拖曳到右邊的程式區中

❸ 放開滑鼠左鍵，第一個積木就被拖到程式區塊中了，很簡單吧，不用寫任何一行英文字。

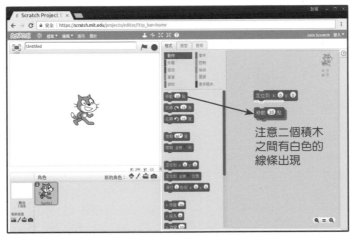

注意二個積木
之間有白色的
線條出現

 拖曳第二個積木

現在拖曳第二個積木。

找到 移動 10 點 「移動 10 點」
這塊積木，拖曳到第一塊積
木的下方，慢慢靠近第一塊
積木，當發現第一塊積木下
方出現白色線條時，表示這
二塊積木將組合在一起，這
時放開滑鼠左鍵，這二塊積
木就組合在一起了。

特別注意，積木和積木之間
是有序組合，所以一定要接
在一起，程式才可以執行。

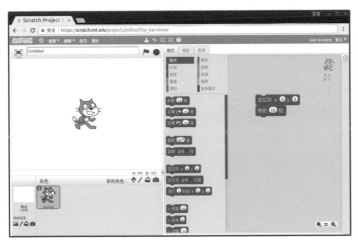

 組合好的積木

左圖為二塊積木組合好的畫
面，檢查看看，你的積木有
組合在一起嗎！

 修改內容值

原先的積木是「移動 10 點」，先用滑鼠點選數字 10 就可以
輸入新的數值，以右圖為例，將數字 10 改為數字 100，表
示要移動 100 點。

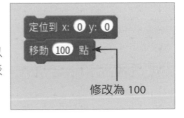

修改為 100

要讓程式執行，必須要有一個起始點，就像在操場跑步競賽，「預備……起」，「預
備」在電腦術語裡就像是設定起始值，「起」就是命令電腦開始動作的意思。

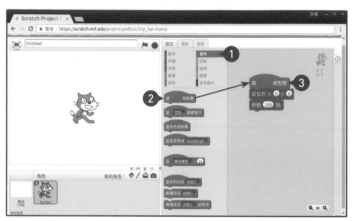

 事件積木

「起」這個動作,就是所謂的
「事件」,命令電腦開始動作
的事件,如左圖:

① 點選「事件」

② 拖曳 當 被點擊 「當綠旗被
點擊」事件到程式區塊
的最上方。(想想看為什
麼要放在最上面呢!)

 提示

事件積木裡有很多控制程式事件的重要積木,這是未來要學習的重點之一。

移動了 100 點

小貓向前移動 100 點

全部完成後,點選綠色執行
按鈕,就可以看到小貓向右
邊移動了 100 點。

我們來看看電腦做了哪些事:

① 將小貓定位到座標(0,0)
的位置

② 向右移動了 100 點

 提示

因為電腦執行很快速,看起來小貓閃了一下就停了下來,再次按下執行按鈕,小貓好像
沒有動作,其實它已經跑回原點又再向右移動 100 點,只是動作非常快,感覺不出它
的移動。此時可以將小貓拖曳到舞台上方任何一個角落,再執行它,就可以明顯看到貓
的移動。

到這裡,恭喜大家完成第一個程式。是的,這就是一個程式,雖然它簡單到不像一
個程式,而且它能做的事情就是小貓移動而已,儘管如此,但它就是一個完整地可
以執行的程式,更重要的是,它不用像傳統使用英文指令的方式來工作,所以透過
它來學習撰寫應用程式不再是令人覺得恐怖的事情。

在接下來的課程中，用心學習之後，會發現原來程式設計也是很簡單的。你是不是可以自行組合「動作積木區」裡的移動、左轉、右轉等積木，讓那隻貓在舞台上隨意奔跑呢！

自己動手做做看，是學會一門程式語言的最佳方法。

2.4 安裝離線版

第三節使用的是線上版，也就是不用安裝任何應用軟體，只要有網路、有瀏覽器就可以利用它來設計動畫故事或是各式射擊遊戲、迷宮遊戲等，但是這種線上版本有一個致命的缺點，就是一定要有可以對外連通的網路才行。

如果網路速度很慢（例如家裡其他人在看網路影片，佔用了大量的網路頻寬）又或是網路無預期中斷（試想如果寫一個偉大的遊戲程式，寫到一半網路斷線，你會？）所以為了解決這樣的問題，Scratch 也提供離線版，也就是下載回來安裝到電腦裡，這樣就算沒有網路，你也可以快樂地寫程式。

點選準備下載離線版

離線編輯器

利用瀏覽器進入 Scratch 官方網站：scratch.mit.edu。

同樣的方式，將網頁下拉到最底下，可以看到如左圖所示，有一個「離線編輯器」的按鈕，點選它進入程式下載畫面。

離線編輯器說明畫面

瀏覽器進入離線編輯器說明畫面。

將網頁下拉，準備下載應用軟體，如下頁圖。

下載 Adobe AIR 及離線編輯器

要安裝離線編輯器需要安裝二個應用軟體,第一是 Adobe AIR 畫面處理工具,第二才是安裝 Scratch 離線編輯器。

依左圖所示,分別下載 Windows 版本的 Adobe AIR 以及 Scratch 離線編輯器(點擊下載連結點),二個都下載完畢後再進行安裝作業。

下載 Adobe AIR

當點選下載 Windows 的 Adobe AIR 時,會出現如左圖的畫面,請點選右下方「立即下載」將檔案下載到自己的電腦裡。

下載完畢

當看到下方出現完成下載字樣時,就可以點擊「X」把它關掉即可。

然後再返回到 Scratch 官方網站,下載 Scratch 離線編輯器。

檔案總管開啟下載目錄

當二個都下載完畢之後,利用檔案總管把下載目錄打開,可以看到剛才下載回來的二個檔案。

要先安裝 Adobe AIR,所以滑鼠雙擊它進行安裝動作,如左圖。

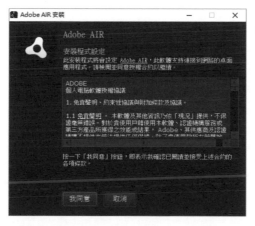

Adobe AIR 安裝

雙擊之後,如左圖,程式啟動安裝程式,這時請用滑鼠點選「我同意」,表示接受 Adobe 的軟體授權協議。

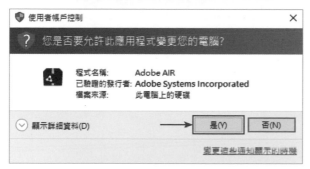

出現安裝警告

這時電腦會出現警告訊息視窗,這是安裝軟體時都會出現的畫面,只是提醒使用者,是否同意安裝。

請點選「是」,表示同意安裝。

Adobe AIR 安裝完成

安裝的速度很快,當安裝完畢會出現如左圖的畫面,這時可以點選「完成」。

滑鼠右鍵
功能表：開啟

運用滑鼠右鍵功能表

回到檔案總管畫面，點選
Scratch 離線編輯器之後，按
下滑鼠右鍵，叫出滑鼠右鍵
功能表，然後選擇「開啟」。

安裝 Scratch 離線版

稍稍等待一下，會出現如左
圖的安裝畫面，請點選下方
「繼續」按鈕。

同意安裝

又出現是否同意安裝的畫
面，同樣用滑鼠點選「是」，
同意電腦繼續安裝。

程式安裝中

離線編輯器很努力的安裝
著，這時請閉眼休息一下，
記得，使用電腦每三十分鐘
要休息一下喔！

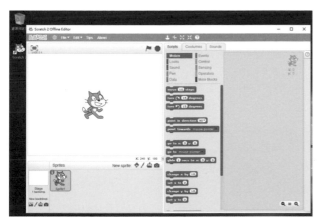

 終於完裝完畢

經過一番努力終於安裝完畢了，可是，等一下，怎麼看起來怪怪的？啊，原來是英文字的畫面，看不懂英文怎麼辦？是裝錯版本了嗎？

別急別急，一個小小的動作就可以切到中文畫面了。

切換中文界面

要切換到中文其實非常容易：

① 點擊左上方小小的地球圖示，不要點錯喔。

② 這時會跳出選擇語言的下拉選單，一直向下捲動，最後一個就是「正體中文」了，找到之後點選它。

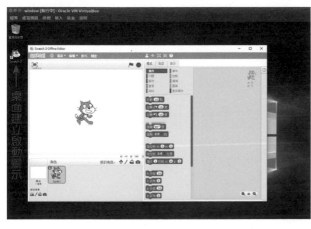

全中文的 Scratch 離線編輯器

終於，出現全中文界面的 Scratch 離線編輯器，距離 Scratch 程式高手，又向前進了一大步。

如果細心一些，會看到桌面上也同時幫我們建立好了啟動圖示，如左圖所示，下次要啟動 Scratch，只要點二下啟動圖示就可以了，非常方便使用。

安裝好了全中文的離線編輯器，現在的你，是不是可以利用新安裝好的編輯器，讓那隻貓向左移動 200 點呢！試一試吧！

2.5 會飛的飛機

現在讓我們做點有趣的小動畫,讓一架飛機可以在天上飛!

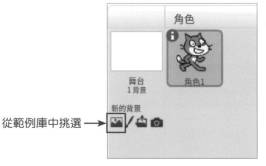

挑選新背景

點選舞台下方「從範例庫中挑選」新背景的按鈕,如左圖。

從範例庫中挑選 →

挑選天空背景

從範例庫中挑選藍色的天空背景。

雙擊點選就可以把它帶入新背景。

刪去原有的空白背景

如左圖所示,進入背景頁面,點選左圖紅色圓圈處,將原有的空白背景刪去。

刪去原有角色

先點選角色，再按下滑鼠右鍵，出現右鍵功能表，選擇「刪除」，將原有的貓角色刪除。

從範例庫中挑選新角色

點選左圖角色人物示意按鈕，從範例庫中挑選新的角色。

Airplane 角色

從範例庫中挑選 Airplane 飛機角色。

找到之後雙擊點選，就可以把飛機角色加入到角色區。

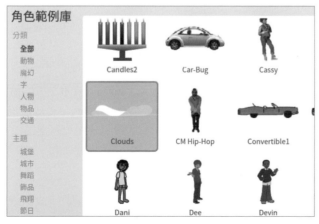

Clouds 角色

再次進入角色範例庫中，找到 Clouds 雲角色之後，同樣地雙擊點選，把雲角色也加入到角色區中。

縮小角色

左圖為加入二個新角色之後的完成圖。
飛機和雲太大了，所以：

1 點選左圖上方縮小按鈕 ，這時滑鼠指標會變成縮小按鈕的指標。

2 指標移動到飛機上方，每按一次飛機就會等比例縮小，請自行調整到適當大小。

3 依同樣的操作方式，改變雲的大小。

縮小後完成圖

左圖為調整適當大小之後的完成圖。

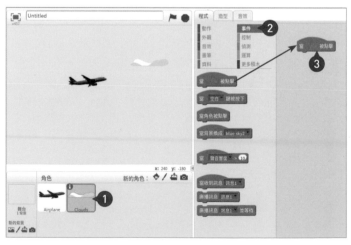

開始撰寫雲移動程式

利用雲的移動，造成飛機在飛的感覺。

1 點選雲角色

2 點選事件積木區

3 拖曳 「當綠旗被點擊」積木到程式區

接下來的積木有點難度，如果無法完全理解也不用擔心，未來課程會有更詳盡的教學，現在照著操作即可。

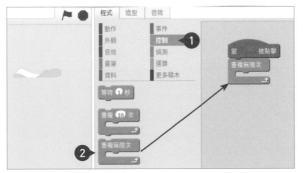

重複動作

讓雲可以一直在天上飛：

① 點選控制積木區

② 拖曳「重複無限次」到程式區

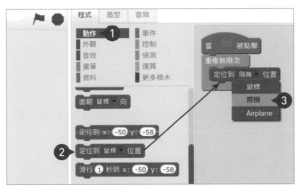

讓雲隨機出現

雲在天上出現的位置不固定，所以利用積木達到這個效果。

① 點選「動作」積木區

② 拖曳 定位到 鼠標 位置 「定位到鼠標位置」積木到程式區

③ 下拉選擇「隨機」位置

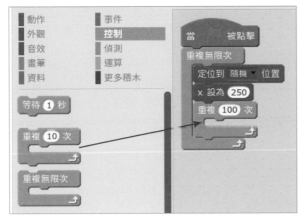

重複執行 100 次

雲要從右邊飄到左邊，所以將 X 座標設定為 250。

接下來從控制積木區中拖曳「重複執行 X 次」積木。

到程式區中，並且把原有的 10 次改為 100 次，也就是在這個區塊內的程式要執行 100 次。

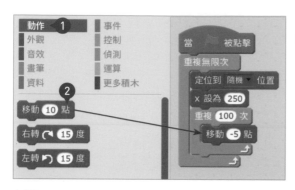

向左移動

① 點選「動作」積木區

② 拖曳「移動X點」到重複執行區塊內並且將 10 改為 -5

提示

因為雲是出現在右邊（x=250）的位置，要向左邊移動，座標 x 必須一直減少，所以用 -5 讓座標每次減少 5。**口訣：左負右正（左減右加）**

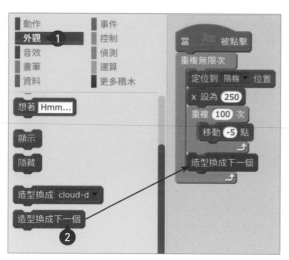

改變雲的造型

最後，讓雲的造型可以有點變化：

① 點選「外觀」積木區

② 拖曳 造型換成下一個 「造型換成下一個」到程式區中，如左圖所示。

完整的程式如左圖，請再次檢查是否一樣，積木是不是正確？有沒有放錯位置？一切準備妥當，就可以按下綠色旗執行程式，沒錯誤的話，就可以看到雲從右邊飄到左邊，消失在左邊又從右邊出現，一直重複。

自定程式檔名稱

撰寫程式的過程中，應該隨時存檔，避免電腦當機、停電等悲劇發生。

舞台上方有一個方框，如左圖所示，可以重新自訂名稱，例如本例是把它命名為 flying（飛行）。

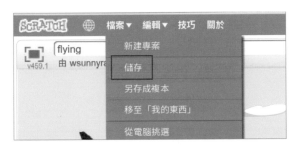

存檔

命名完畢，點選「檔案」→「儲存」。

這時這個飛行動畫就保存起來，下次可以再次讀入欣賞或是修改。

提示
一、存檔的動作可隨時進行。
二、如果是網路線上版，必須要先註冊登錄後才可以儲存在網路上。

利用 Scratch 做出動畫是不是一點都不難！不僅如此，利用它也可以做出許許多多的遊戲程式，當然這就需要有耐心的認真學習。

執行前請重新檢視，舞台及每個人物自有的程式碼是不是正確。沒問題的話，就執行看看，是不是如之前設定的劇情一樣，可以對話並且切換場景。

2.6 結語

這一章節可以說是邁向程式設計師的第一步，經過這次的學習，相信已經可以啟動網路版來進行程式開發，也可以在電腦裡安裝離線版編輯器自我學習，接下來何不打開編輯器，再次檢視一下，到底 Scratch 有哪些積木呢？這些積木又有哪些用途呢？無時無刻的自我發問並尋找答案，是成為程式設計高手的不二法門。

M · E · M · O

03

認識座標與角色

學後成果：舞台和角色，是 Scratch 動畫設計的基礎元素。每個舞台可以有不同的畫面，這些畫面可以稱為場景，就像是看電影或是話劇一樣，有不同的場景、演員。

假想你是導演，要「說」一個故事，會安排場景和角色演員，而角色演員要從哪個位置走到哪個位置，要做些什麼動作，說什麼話，這些稱為劇本或是腳本。在 Scratch 中，要讓演員聽話的從某個位置移動到某個位置，就必須了解整個舞台座標。

經過本單元的介紹與學習，你可以學會：

- ⊘ 知道舞台座標
- ⊘ 認識舞台與角色的編輯
- ⊘ 能更換場景與角色
- ⊘ 能設計角色的移動

3.1 怎麼辦怎麼辦？

為了更認識與了解舞台、座標與角色間的關係，設計一個人從左邊走到右邊，走到
盡頭時自動轉向，以下用流程圖的方式來說明這些設計步驟。

 走動的人流程圖

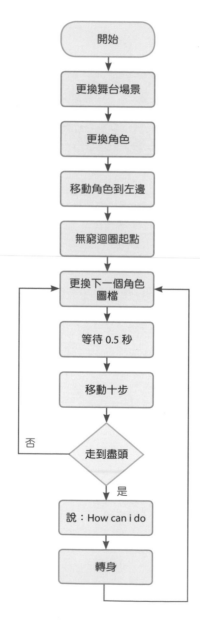

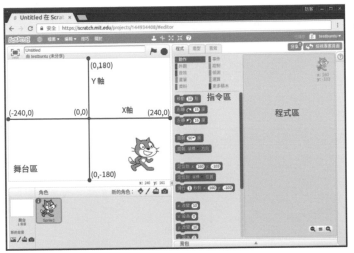

再次認識舞台座標

再次觀察第二單元的座標圖，要記住 Scratch 是以中心為原點（0,0）。

左右各 240 點，左負右正。
上下各 180 點，下負上正。

更換舞台場景

請利用第二單元學習的更換舞台場景技能，將舞台場景更換為左圖。

提示

可依自己的喜好更換不同的場景

若忘記如何更換，請翻看第二單元。

更換角色

依第二單元更換角色的方法，進入角色畫面，左邊選擇「人物」圖庫，找到 Jaime Walking 這張圖，這張圖內含 5 張不同動作的圖。

 角色的不同造型

① 點選角色

② 點選上方造型，其實就是指這個演員的不同造型，好像穿不同的戲服一樣。

這時打開造型圖繪圖區，可以發現這個角色有五張不同的走路造型圖，上方角色的名字可以用在程式裡，用來指定要用這個角色的哪一個造型。

此時也可以利用繪圖工具來修改造型或是自己畫自己的圖形。

透過不同的連續造型圖，可以製作類似動畫的效果，這是很重要的技巧。

接下來嘗試撰寫拖曳積木程式，雖然到目前為止並沒有詳細介紹這些積木的用途，但請跟著操作，讓我們邊做邊認識這些積木。

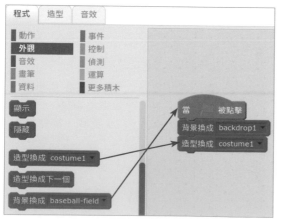

外觀積木區

外觀積木區裡有許多可以更改背景、造型、顯示、隱藏、顏色及特效等等的積木，日後有外觀改變需要，往這裡找找看。

如左圖，請拖曳改變背景和造型的積木，把它們連在一起。

下拉選擇角色造型

日後如果發現有類似左圖的下拉選
項時，表示可以從下拉的列表中選
擇一個資料值來使用。

例如左圖，是使用 jaime walking-a
為角色造型。

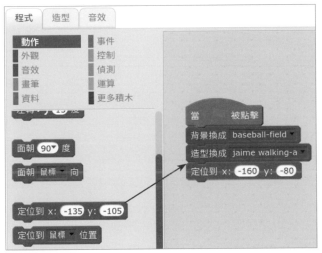

動作積木區

顧名思義，動作積木區指的就是
和演員角色移動、旋轉、定位等
和動作有關的積木。

拖曳定位積木，讓角色一開始時
出現在（-160, -80）的位置。

> **提示**
> 這個位置在哪裡呢？看一
> 下上方的座標圖，然後想
> 想看。

控制積木區

控制積木區和整個程式的執行流程有重要的關係，現在不熟悉這些積木是一定的，這些重
要的積木在後面的單元會有詳細的說明，不要太心急。

 是指無窮迴圈，迴圈內的程式會一直執行，永不停止。第五單元會有詳
細說明。

 等待秒數，預設是 1 秒，請手動更改為等待 0.5 秒。

 如果…那麼，是重要的判斷迴圈，在第六單元會有詳細的說明。

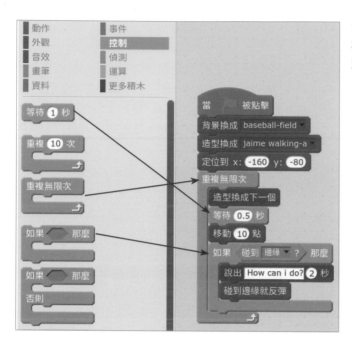

請把相關的積木，包含動作和外觀積木，依照左圖把它們接在一起。

 偵測積木區

滑鼠有沒有按下去？鍵盤是哪個鍵被按下去了？角色有沒有被碰撞？角色有沒有碰到邊界？這些都是和偵測有關的積木。

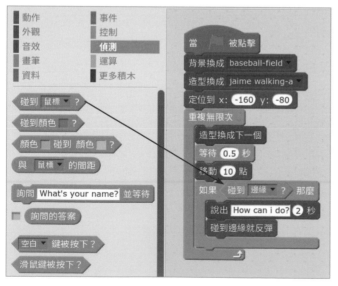

從左圖拉出碰到積木，然後下拉選擇邊緣（edge）。

也就是說，它會告訴電腦有沒有碰到舞台邊緣，有的話就做底下的動作，沒有的話就繼續移動。

 完整的程式

右圖是完成的程式積木，請檢查看看。

重新檢視積木是否正確，然後按下綠色的開始旗按鈕，檢視看看，舞台裡的演員角色是不是會從左走到右，碰到邊緣後又從右走到左呢！如果覺得走得很慢，可以試著改變等待秒數，讓它變成 0.1 秒，看看走路的速度是不是會變得更快。

3.2 更換自製場景和自製角色

舞台的場景和角色，除了使用它內建的素材外，也可以自己畫場景和角色。

 自製場景

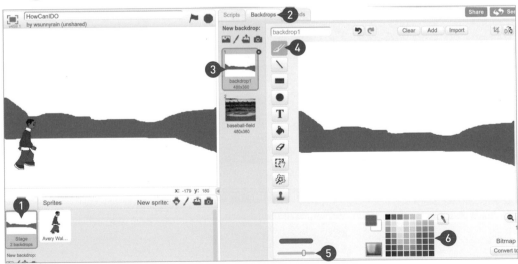

① 點選舞台圖示

② 點選背景分頁

③ 選擇第一個空白的舞台頁

④ 從繪圖工具中選擇需要的功能，如筆刷功能

⑤ 改變筆刷粗細，要畫大範圍時筆刷粗一些較好畫

⑥ 挑選想要的顏色

背景完成圖

左圖為利用繪圖工具所繪製完成的背景圖。

可自行利用這些繪圖工具創作出想要的背景。

當使用筆刷時,除了可以選擇前景和背景的顏色外,也可以選擇漸層處理。

自製新的角色造型

① 點選角色

② 點選造型分頁

③ 點選繪製新造型,這時會出現一個空白的角色造型

④ 利用繪圖工具和創意,畫出你要的新角色造型吧

用外觀積木改變背景和造型

要使用新背景和新造型,可以如左圖所示,下拉選擇需要的背景和造型即可完成更換的動作。

下次看到別人的程式可以換背景和造型,也不用太驚訝。

3.3　畫一個正方形

Scratch 除了可以利用場景和角色做動畫外，它也可以用程式來作畫喔！現在就讓我們用很簡單的方法來畫一個正方形吧！

還記得移動幾點，左或右旋轉 90 度，再移動幾點，這些常用的動作積木嗎！用程式來完成畫形狀吧！

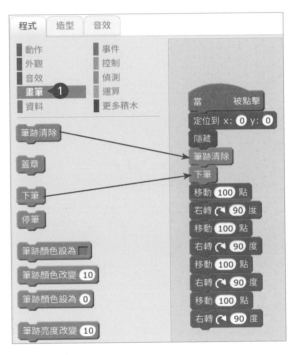

畫筆積木區

程式碼相對簡單，首先把角色定位到（0,0）然後把它「隱藏」起來。

利用畫筆積木區的「筆跡清除」把所有曾經用畫筆畫出在場景上的舊圖清除，然後「下筆」把筆放下準備作圖。

接下來的程式碼一看就懂，移動 100 步，右轉 90 度，做四次就是一個正方形了。

🐱 畫正方形的程式積木

右圖為中文的程式積木，可以比對參考看看。

檢視一下沒問題的話，就可以執行，看看舞台上是不是有畫出一個正方形。

除了正方形外，是否可以畫出長方形？三角形？任意多邊形？動手試試看吧！

3.4 結語

學習完本單元，相信對於 Scratch 會有更深一層的了解，認識座標、背景和角色這三者間的關係，是很重要的基礎概念，透過自製的場景和角色，可以讓動畫與更眾不同。

計算機計算器

學後成果： 如果把程式設計當做是做菜，如何處理食材、用哪種手法烹煮（演算法）等，都是重要的基本功力，但如何讓菜餚擁有閃閃動人的生命力，就在於調味！不同的調味可以讓同樣的菜色變換出不同的味道，而調味對於電腦程式設計來說，就是變數，變數可以讓程式更加有彈性與適應力。學完本章之後，可以學會：

✓ 能了解變數的意義

✓ 可以利用 Scratch 的資料自定義變數

✓ 會利用變數進行四則運算

✓ Scratch 操作技巧：可以更換舞台角色

4.1 什麼是變數

變數？會變的數？數字會改變？

現在回想一下小學一年級的數學題目：

小明有三顆蘋果，爸爸再給二顆，小明有多少顆蘋果？

大家一定會寫 3 + 2 = 5 ，所以小明有五顆蘋果。很簡單！

但是如果小明有四顆呢？爸爸再給五顆呢？事實上，這些固定的數字，讓程式只能做一種固定的計算，它沒有辦法依據不同的情境計算出不同的答案。現在看看底下的例子。

小明 = 3

爸爸 = 2

計算出 小明 + 爸爸 的答案，在這裡「小明」和「爸爸」就是變數，變數是一個可以暫時儲存數字或文字資料的寶箱。

我們先來看看第一個 3 + 2 的例子在 Scratch 裡是怎麼做的！

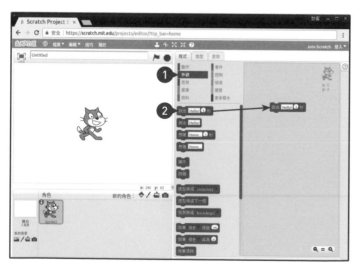

讓貓顯示對話內容

首先打開 Scratch 編輯器（建議使用離線版），如果忘了怎麼啟動 Scratch，請回頭看第二單元。

❶ 點選外觀

❷ 將  「說出 Hello 2 秒」拖到程式區塊裡

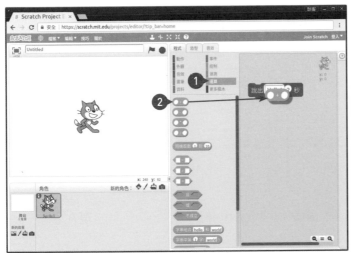

加入運算式

為了要讓 Scratch 能進行四則運算，所以我們需要運算積木來幫忙。運算積木負責程式的四則運算、亂數等。

❶ 點選「運算」

❷ 把第一個 ○+○ 「+」運算拖曳到 Hello 的上方，如左圖所示，當拖曳到上方時，會發現底下出現白色框，表示可以放在框框裡使用。

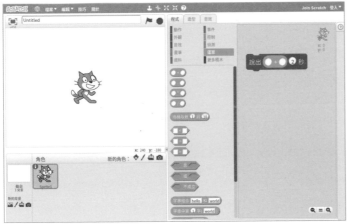

加入運算式結果畫面

放好之後會出現如左圖的畫面。

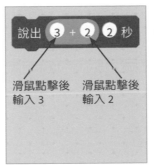

滑鼠點擊後　　滑鼠點擊後
輸入 3　　　　輸入 2

輸入固定數值

利用滑鼠點選白色的圓形框，點選之後分別輸入固定數值 3 和 2，結果如左圖所示。

檢查一下電腦畫面是不是和左圖一樣。

執行結果畫面

這時請用滑鼠點擊

當滑鼠點擊之後，積木外圍會出現黃色框，表示在執行這個積木，小貓就會把 3+2 的結果說出來，並將結果顯示在螢幕上 2 秒鐘。

提示
如果只是想要知道積木的執行結果，可以直接點擊它。

現在問題出現了，如果要做出不同數字的相加結果，就必須要一再的修改數字，這並不算是好的程式，一個好的程式必須可以依據情境自動計算才對，這時就是變數上場的時候了。接下來看看變數是怎麼做的。

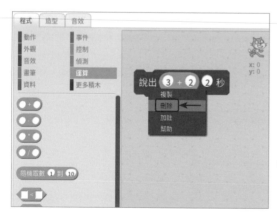

刪除積木

要刪除程式區的積木有二種方法，其中一種就是直接把它拖離程式區，另外一種就是如左圖所示，在積木上按滑鼠右鍵，利用右鍵功能表的「刪除」功能，把不要的積木刪掉。

提示
右鍵功能還有「複製」、「加註」和「幫助」等三種功能，可以試玩看看！

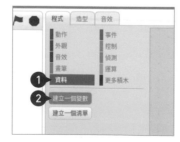

加入一個變數

要加入一個變數其實非常容易

❶ 點選資料

❷ 點選「建立一個變數」

定義變數名稱

輸入一個明確的變數名稱，這個名稱一定要能夠清楚表示儲存的資料代表的意義。

① 輸入「小明」
② 點擊「僅適用當前角色」
③ 按下「確定」按鈕

新增「小明」變數的結果

左圖為新增「小明」變數之後的結果，在舞台上多了一個顯示框，同時在資料區裡也多了四個和變數操作有關的積木。

接下來請自行運用上面學到的技巧，自行加入「爸爸」變數。

新增「爸爸」變數的結果

如左圖所示，新增了二個變數，一個是「小明」變數，另一個是「爸爸」變數。

拖曳變數積木設定初始值

將 變數 小明 ▾ 設為 0 「變數 [ ] 設為 [ ]」積木拖曳到程式區中，變數名稱可以透過下拉選單選擇，點擊空白區可以輸入數值，操作結果如下圖所示。

程式一開始就將變數設定為需要的數值，這個動作叫「初始值設定」，是很重要的一個動作。

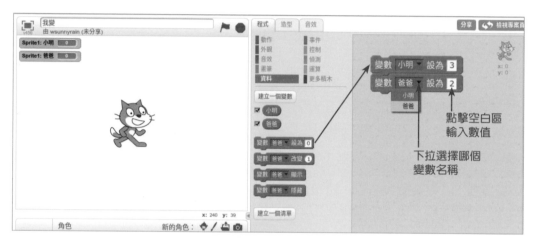

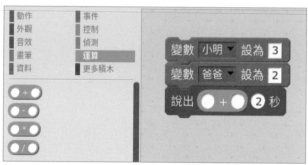

四則運算積木

利用「外觀」和「運算」積木，如上面的例子，將相關的積木拖曳組合如左圖。

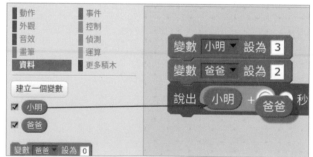

拖入變數名稱

利用「資料」區，將變數名稱拖曳到「加」運算積木裡，如左圖所示。

執行積木區塊

這次一樣暫不使用開始事件積木，也是直接點擊「程式區塊裡的積木」，Scratch 會從第一塊開始向下執行，執行結果如下圖。

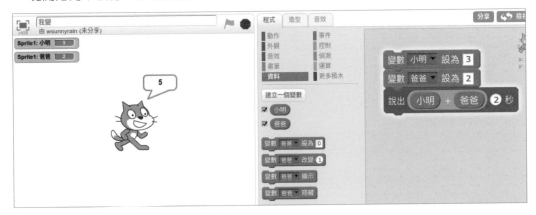

做到這裡，一定會覺得奇怪，用這個方式定義變數好像沒有什麼好處，反而還要多操作好幾道手續，還不如直接使用定數值來得快。

如果單純從結果來看，一樣都是計算出 5 這個答案，但是之前就說過，變數是一個儲存資料的箱子，所以箱子裡可以存 3 也可以存 8，也就表示它的資料值是可以一直變動的。因此，整個程式就可以變得更有彈性，例如，可以根據使用者的輸入值來做計算。

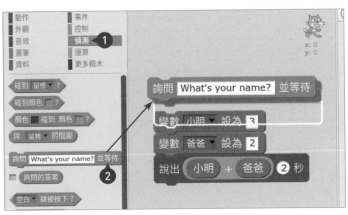

運用偵測取得使用者輸入值

依據下列方法拖曳積木：

① 點選偵測

② 找到詢問積木方塊

③ 拖曳到程式區的最上方

結果如左圖所示。

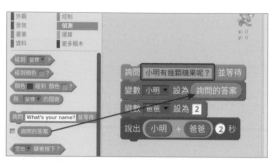

取得詢問的答案

首先如左圖紅色框選區，將詢問的提示改為「小明有幾顆糖果呢？」

從偵測區裡找到「詢問的答案」，將它拖曳到變數的設定初值裡，結果會像左圖。

執行結果

再次點擊積木，出現如下圖的執行結果，它會先出現問題題示，底下有一個方框區可以輸入答案，你可以輸入任意的數字後按「enter」或是用滑鼠去點擊最右邊的「勾」。

這樣可以依據情境來改變結果的應用程式，是不是比單純的固定數值來得有彈性。

增加爸爸的詢問

現在請試試拖曳並改變提示內容，增加爸爸的詢問吧！結果如下圖！

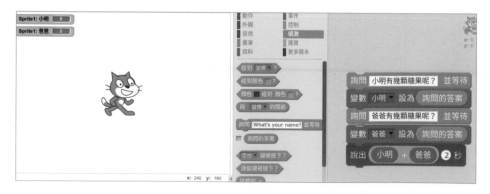

變數的功能其實非常的多，它可以儲存使用者的輸入值，可以儲存四則運算之後的結果，許多的控制和事件，也都和變數或多或少有關，更重要的是，它可以讓程式碼變得容易閱讀，有意義的變數名稱，比無意義的定數值，更容易讓自己或別人理解撰寫的程式內容，這一點非常重要。因為寫一個大型的程式，不是一、二天可以完成的工作，它可能是一個月、二個月甚至是多人一起合作，讓程式碼易讀易解，可以為日後的開發避免很多錯誤的機會。

儲存結果

如果要將辛苦的結果儲存起來或是先儲存起來日後再進行修改，不管是哪種情形，都要利用「檔案」「儲存」功能表進行作業，如下圖所示。

在「檔案」功能表裡：

1. **新建專案：** 開一個全新空白的 Scratch。
2. **儲存：** 將目前結果保存下來，存檔時建議給一個有意義的檔名。
3. **另存：** 將目前結果用另一個檔案名稱保存下來。

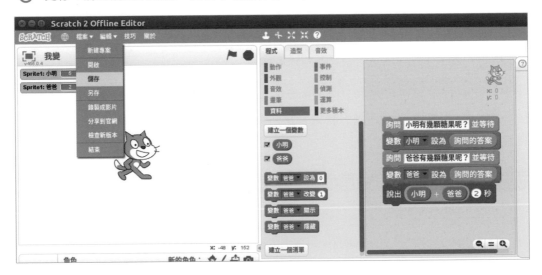

4.2 面積的計算

在數學的課程裡有不少的面積計算公式，現在利用上一節學到的技巧一一進行實作，接下來及後續的畫面示範圖，將不再對簡單重覆的拖曳操作與基本資料修改做展示，若操作上還有問題，建議把第一節的所有內容再做一次。

4.2.1 長方形面積計算

長方形的面積公式＝長 × 寬，所以很容易就可以實作出來。請先不要看結果圖，自己試試看能不能利用上一節學到的技巧，自己做一個出來。

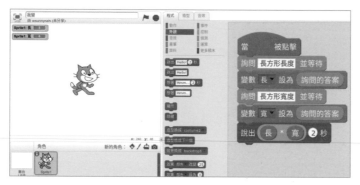

程式碼如左圖。

先利用資料積木定義二個變數：長和寬。

拖曳「偵測」的「詢問」及「答案」，取得使用者輸入的數值，再自行計算出結果。

和上一節例子不同的地方是，這次運算積木是使用「乘法積木」。

4.2.2 正方形面積計算

正方形的特性是四邊等長，所以它的面積公式比長方形更單純，而且使用者只要輸入一個邊的長度就可以計算出答案，正方形面積公式＝邊長 × 邊長，同樣地自己先試試，別急著看答案。

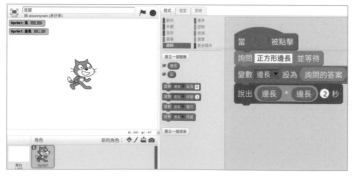

程式碼如左圖。

要計算正方形面積只要知道一邊的邊長就可以計算出答案，所以只要詢問一次。

4.2.3 三角形面積計算

三角形面積公式＝底 × 高 / 2，之前所有的例子都是二個數字在進行運算，現在是二個數字，這要怎麼處理呢！

先做出基本架構

先依左圖做出基本架構，一樣利用詢問積木要求使用者輸入三角形的底和三角形的高，重點是如何運用四則運算積木做出更複雜的計算。

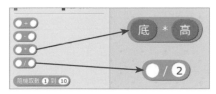

利用乘和除二塊積木

如左圖拖曳出「乘」和「除」二塊積木，其中乘法積木是「底 × 高」，除法積木要把「底 × 高」的結果除2。

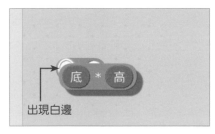

運算積木組合

把「底 × 高」的運算積木拖曳到除法積木的前方圓格子裡，注意拖曳時，當前方圓格子出現白色邊時，表示可以把二塊運算積木組合了，這時放開滑鼠就可以組合出複雜的四則運算式。

組合好的運算積木

左圖為組合好的運算積木，自行檢查一下是否有正確組好！

完整的三角形面積計算程式

左圖為完整的三角形面積計算程式，做好之後可以試試看執行的結果是不是如預期般顯示出來。

這裡使用的最大技巧就是四則運算的組合運用，這個組合的技術一定要會，在不久的將來才可以利用「加」「減」「乘」「除」等四塊運算積木，進行複雜的四則運算，真正發揮出電腦的運算能力。讓我們更進一步學習梯形面積的計算。

4.2.4 梯形面積計算

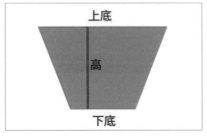

一般的梯形

左圖為一般的梯形，如果忘記梯形的面積公式也沒關係，剛好可以趁機複習它。

梯形面積＝（上底＋下底）×高／2

梯形面積程式架構

左圖為梯形面積的程式架構，基本上和之前學習的沒什麼太大的差別，只是變成了三個變數。

這個程式的重點一樣是在於四則運算積木的組合，在沒有看到結果圖之前，請自行組合看看。

梯形面積公式

梯形面積公式如左圖，它是由「加」「乘」「除」三個積木組合而成，仔細看會發現它是三層結構，最上層是「上底＋下底」，第二層是「＊高」，第三層是「／2」。

它就和四則運算先算乘除後算加減有類似的功能，最上層的先計算，然後再把結果和第二層的計算，再把第二層的結果和第三層計算，以此類推。有點複雜和抽象，是的，多想想，因為它是成為程式高手的必經之路。

完整的梯形面積程式

左圖為完整的梯形面積程式區塊，自我檢查一下，是不是所有的積木都放好，沒問題的話就執行看看吧！

4.3 絕對位置與相對位置

Scratch 動畫和遊戲設計，不外乎是角色在舞台上依照程式規劃的方式，不停的移動位置與其他角色互動，因此，了解角色的絕對位置與相對位置，對於未來撰寫易讀、清爽、乾淨與高效能的程式，有相當大的關係。接下來從實作中來學習這個重要的概念。

 挑選新角色

如左圖，在角色的下方有四個功能圖示，這四個功能，都可以建立新的角色出現在舞台上，最簡單的就是第一個「在範例庫中挑選角色」，Scratch 內建有很多的角色可以直接選用。

點選「在範例庫中挑選角色」。

> **提示**
> 當然，如果不滿意，也可以利用 Scratch 內建的繪圖工具，如同第三章自己畫角色，或是從電腦現有的圖形中選擇，甚至是使用錄影裝置來取得新角色，這些功能算是進階功能，以後再來學習。

 為數不少的內建角色

範例庫中內建許許多多的角色，一進來是全部顯示，如果覺得太多不好選擇，也可以點選左邊的分類進行挑選。

找到之後，最簡單的方法就是在需要的角色雙擊滑鼠，當然也可以點選後，利用右下角的「確定」按鈕進行挑選。

如右圖，假設要加入的是第一個角色 Abby。

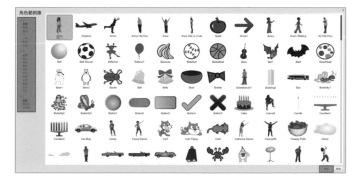

角色的絕對位置座標值

新角色出現在舞台上,可以用滑鼠拖曳,改變角色在舞台上的位置,第二單元學過舞台的大小及座標概念,請注意畫面右上方,有一個淡淡的角色圖,它的下方會出現 X 和 Y 的座標值,這就是這個角色的絕對座標。

許多初學者為了省事,在撰寫程式時,都喜歡使用絕對位置來擺放角色的位置,雖然看起來沒有什麼大問題,但就如本單元一再強調,使用定數值會讓程式變得僵化沒有彈性,應該盡量使用變數值來取代定數值,讓程式保有最大彈性且容易判讀。接下來看看使用定數值的缺點。

貓角色程式區

目前舞台上有二個角色,特別注意,每個角色有每個角色的程式區,例如左圖,注意左下角,貓角色是被選擇的狀態(四週有藍色框),所以右邊就僅僅是貓角色的程式區。

在這個程式區裡,使用定數值將貓定位在座標(-102, 11)的舞台位置上。

Abby 角色的程式區

先用滑鼠點選左下角的 Abby,確定它是被選擇的狀態,然後拖曳相關的積木到它專屬的程式區中。

執行程式前，先把二個角色隨便拖到舞台的角落去，執行程式之後，程式可以把二個角色定位在舞台上的絕對座標，看起來都很正常沒有問題，但是**真正的問題總是隱藏在細節裡**，現在如果要把貓出場位置移到舞台上方，那 Abby 呢？是不是也要跟著重新定位，重新修改程式？有沒有什麼方法讓他們二個可以相互配合自動移動呢！

這就是變數上場發揮強大功能的時候了。

建立總體變數

建立適用於所有角色的變數（總體變數）：

① 點選「資料」

② 點擊「建立一個變數」

③ 輸入變數名稱「起始 X」

④ 點選「適用於所有角色」

⑤ 確定

什麼是「適用於所有角色的變數」（總體變數）？變數有二種型態，一種就是之前使用的「僅適用當前角色」（區域變數），這種變數是由該角色所私有，假如你在貓角色裡定義一個變數名稱為「我是貓」的變數，並且把它設定為僅適用當前角色，這時舞台上的另一個角色 Abby，是看不到並且使用不到這個變數的，這樣做有許多好處，每個角色的專用變數不會互相干擾，不管如何計算與改變變數值，都和其他角色無關。

提示
在「偵測」積木中，有積木可以取得其他角色的資料與變數值。

但是，有些變數是需要大家都看到且都可以使用到的，這種變數就叫做「適用於所有角色的變數」（總體變數），在這個例子中，希望所有角色都可以看到「起始 X」這個變數，因為每個角色都可以透過它來決定出場的舞台位置。

貓角色新的定位程式

定義二個適用於所有角色「起始 X」和「起始 Y」二個變數名稱。

然後點選貓角色，改變貓角色的定位程式碼如左圖，將起始 X 和起始 Y 都先初始設定為 0，然後將原先「定位到 X Y」的積木定數值改為變數值。

Abby 角色新的定位程式

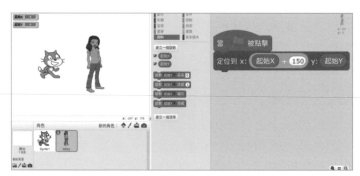

先點選角色 Abby（這很重要），然後將定位改為「定位到 x：起始 X+150 y：起始 y」，結果如下圖所示。

發現了嗎，起始 X+150 指的就是相對位置，不管貓出現在舞台上什麼位置，Abby 一定會出現在貓的右邊 150 點的位置。

改變起始 X 的值

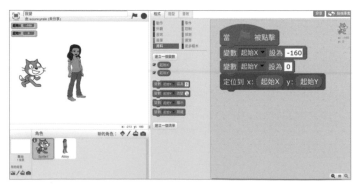

先點選貓角色（很重要），然後試著去改變起始 X 的初始值，再去執行程式，此時可以發現，不用更改 Abby 的程式或座標值，它都會乖乖的站在貓的右邊 150 點的位置！

從上面的例子，是不是了解變數的彈性了呢！如果再深入思考，右邊 150 點，這個 150 是不是也可以使用變數取代？是的，當然可以，如果把它用變數來取代，例如用「相距」這個變數名稱來取代定數值 150，未來可以透過四則運算等方法，來動態的改變二個角色之間的位置，而不用一再的去修改定數值。

所以要記得，盡量不要在程式內使用定數值，較好的方法是建立一個變數來儲存這個定數值，透過變數可以讓程式碼容易閱讀且有彈性，雖然建立變數要多幾個小步驟，但是這個操作是值得的，要盡量養成習慣，常用多用，自然而然就能直覺的使用它，向高級程式師前進！

4.4 結語

經過本單元的學習，相信對於變數已有更深入的了解，也可以分辨「適用於所有角色」和「僅適用當前角色」的差異性，並且透過變數，接收來自使用者輸入的數字，透過四則運算積木完成各項面積計算功能，四則運算積木的組合，可以完成許多強大的計算公式，這些就有待未來更深入的學習。

M · E · M · O

CHAPTER

05

萬花筒

學後成果：日常生活裡，許許多多事物一再重複上演，例如太陽每天東方升起西方落下，週一到週五上班上課日，在工廠裡，作業員也是不停的重複著相同既定的排程工作！在電腦與機械的世界裡，這種一再重複性的工作，正是它們的專長，除了機器壞掉、電腦燒掉之外，它們都可以一再的一直重複的工作著，不會抱怨工作辛苦，不會要求休息和加班費。

這一章節就來學習，如何控制電腦重複進行我們要求的工作，這是非常重要的關鍵力：重複力。閱讀完本章，你可以學會：

- ⊘ 能知道什麼是電腦迴圈
- ⊘ 自製美麗的萬花筒
- ⊘ 可以善用迴圈進行重複性工作
- ⊘ 可以進行雙重或多重迴圈
- ⊘ 可以依判斷條件執行或不執行迴圈

5.1 數數

是否還記得小時候，爸爸媽媽都會教我們數數，從 1 開始念，1 2 3 4 5 …，通常念到 10 父母就會很高興的為我們拍手，現在讓小貓來代替我們數數吧！

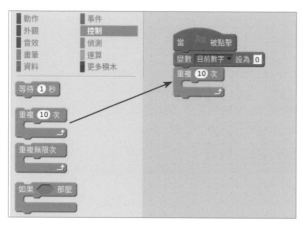

重複 N 次積木

首先定義一個變數，名稱「目前數字」並且將它的起始值設為 0。

從控制積木裡拖曳「重複 10 次」的迴圈積木到程式區中，如左圖所示。

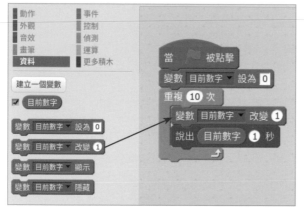

變數「目前數字」改變 1

將資料積木裡的變數「目前數字」改變 1 拖曳到迴圈裡，並且讓小貓說出目前數字 1 秒鐘。

檢查一下你寫的程式，沒問題的話可以執行看看，小貓是不是會從 1 數到 10。

變數值改變 1

左邊的積木是非常重要的積木，它的作用是將原來的變數數值內容，每執行一次就自動加 1，成為新的變數數值內容。

如這次的例子,「目前數字」在迴圈外設定為 0,當進入迴圈之後:

第 1 次執行 0 + 1 變成 1,

第 2 次執行 1 + 1 變成 2,

第 3 次執行 2 + 1 變成 3,

第 4 次執行 3 + 1 變成 4,以此類推,一直重複執行 10 次。

這種每執行一次就加 1 的變數積木,經常用在迴圈裡當做指標值或是重要的座標運算值等等。如果將積木裡的 1 改成 2,那每執行一次就自動加 2,你可以試試,小貓就會從 2、4、6、8⋯來數數喔!試試吧!

練習一下,是否可以讓小貓念出奇數,1、3、5、7、9⋯以此類推。

5.2 單層九九乘法

九九乘法是練習迴圈最容易上手的方法,我們先從簡單的單一迴圈開始,請使用者輸入被乘數,然後念出該被乘數的九九乘法,試想一下,只要一個可以執行九次的迴圈就達成目的了,開始動手吧。

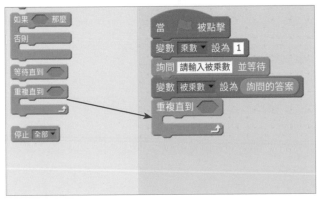

重複直到積木

先設定二個變數:被乘數和乘數。

這次要做的是單一九九乘法,也就是被乘數是由使用者輸入的一個固定數,那乘數就必須要從 1 到 9,所以在進入迴圈前,先將乘數設為 1。

這裡有個重要觀念,進入迴圈前,相關數值必定先進行初始值設定。

九九乘法表程式區塊

重複直到「乘數 > 9」，為了讓乘數可以自動加1，所以應該有注意到，迴圈內有一個上節介紹的自動將變數乘數加1的積木。

將結果說出來的積木看起來有點複雜，字串組合技巧需要多多練習。

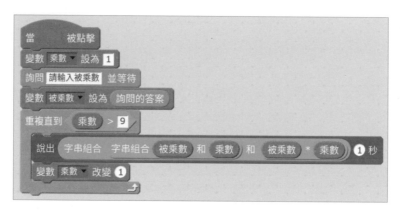

拆解開的字串組合

下圖是拆解開的字串組合內容，要進行字串組合，先把要的內容分開處理，最後才拖曳到字串組合的方框裡，較容易理解組合出來的內容。

執行顯示的結果

執行之後顯示的結果，怎麼看起來怪怪的？

5210 這是什麼？

原來是 5 x 2 = 10

有沒有辦法用字串組合出這種容易看懂的訊息呢？先想想看，再試試看。

 字串組合三層結構

如下圖，進行字串組合要先從底層開始，先準備好要顯示的素材之後，再逐步的向上堆疊，就可以組合出需要的顯示內容。

組合錯誤導致顯示結果不如預期是常有的事情，別怕，多想多做就有經驗！

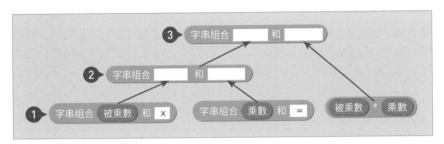

 合併後長長的顯示結果

 完整的執行畫面

下圖為完整的執行顯示畫面，現在的顯示結果為 $5 \times 6 = 30$

是不是很清楚明白了！

長長的字串組合很容易在組合時發生錯誤，別心急，如上面的「字串組合三層結構」圖，先準備好底層的資料再一層層向上組合，多做幾次就有心得了，別小看字串組合，它可是程式設計中相當重要的一環，因為它和輸出明白清楚的訊息有重要的關係。

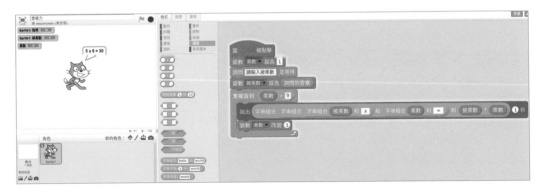

5.3 完整的九九乘法表

有了單一迴圈九九乘法表的概念之後，要做完整的九九乘法表就容易多了。

之前是使用者輸入一個被乘數，現在的做法是，不要求使用者輸入被乘數，而是像乘數一樣，被乘數也是要從 1 到 9，被乘數是 1 時，乘數要從 1 到 9，被乘數是 2 時，乘數也要從 1 到 9…，以此類推，所以想到了嗎？我們需要雙層的迴圈了，好像有點難，先想想看！

 雙迴圈

為了解說方便，左圖把字串組合內容先移開。

外圈是被乘數，它的結構和內圈很像，但有一個很大的不同，進入迴圈先將內圈要用的乘數設定為 1，為什麼，因為內圈必須每次都要從 1 到 9。

外圈、內圈都會將離開迴圈的變數加 1，這樣當迴圈做了 9 次（＞9）才有機會跳離迴圈，可以試試如果不將條件變數自動加 1，這時就沒有機會跳開迴圈，會形成所謂的無窮迴圈，永遠出不來，直到關閉程式。

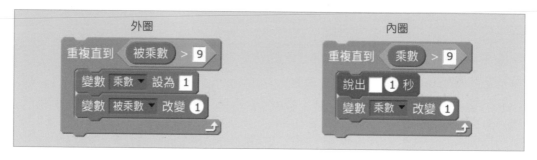

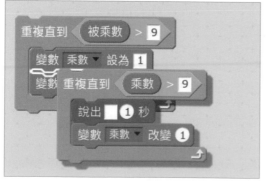

 雙圈合併

把內圈拖曳到外圈的迴圈內，注意合併的位置，一定要把內圈放到變數「乘數」設為 1 的下方。（想一想為什麼，因為內圈每次都要從 1 到 9 啊！）

拖曳情形如左圖所示。

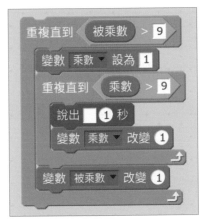

合併後的結果

左圖為合併後的結果,好好想想看,這種雙圈結構是很重要的,未來當程式越來越複雜時,甚至三圈四圈都是有可能的,要解決這些問題,可以先試著拆解,一圈圈的處理再合併。

提示
迴圈內還有迴圈,稱為「巢狀迴圈」。

完整九九乘法程式積木碼

做完測試前,別忘了把字串組合的內容放回去,不然看不見顯示結果的。

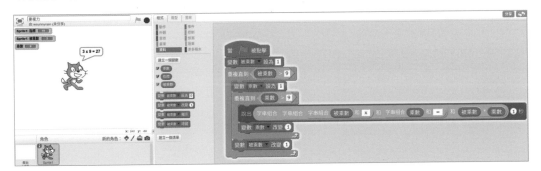

5.4 可怕的貓軍團

本章一開始就提到,重複性的工作是電腦的強項,現在我們來設計一個小小的遊戲程式,可以依據使用者輸入的數字,在舞台上出現符合數量的貓,例如輸入 5 就出現 5 隻貓。

然後用滑鼠點選出現的貓,每點一隻就消失一隻,全部消失完畢,本尊出現,說出「還有千千萬萬個我」的對話,然後結束程式,先試著用流程圖畫畫看。

貓軍團流程圖

右圖為貓軍團流程圖。

首先依據使用者輸入的數量,透過亂數取得座標 X 和座標 Y,把建立出來的貓分身定位到(X,Y)。

接下來接收訊息,如果分身被點擊,貓的數量就要 -1 ,一直到舞台上的貓都被點光,就用說話結束這個程式。

使用流程圖的好處是,可以較清楚的了解程式設計與資料變數的走向,在正式撰寫前再看看流程圖吧!

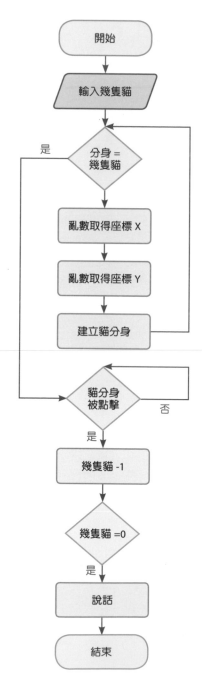

 取得「幾隻貓」的資料值

相信你對左圖詢問使用者並取得使用者輸入數值的程式積木應該很熟悉了！

將使用者輸入的數值存入變數「幾隻貓」。

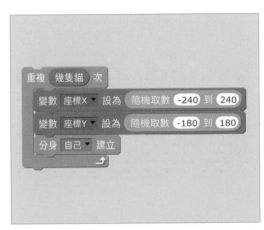

 建立貓分身

左圖為依據輸入值建立貓分身，例如幾隻貓是 6 就重複 6 次。

變數座標 X 和座標 Y，利用亂數值（運算積木中的隨機取數積木）取得，第一章有介紹，X 座標從 -240~240，Y 座標從 -180~180，也就是整個舞台大小，透過亂數取值，可以讓分身貓隨機出現在舞台上的任何一個位置。這種隨機出現的情境很適合在寫遊戲時用來決定怪物出現的地方。

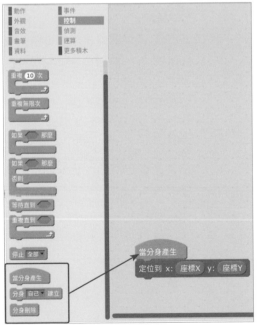

 當分身產生

在控制區積木中有一個 當分身產生 「當分身產生」的積木。

從形狀上看，和「當綠旗被點擊」的開始積木是一樣的，也就是說，它是一個程式區段的入口。

顧名思義，也就是當分身產生後，就會自動從這個入口進入執行程式，這個程式做的工作很簡單，就是把分身貓定位到（座標 X，座標 Y）的位置上。

一些複雜的遊戲，當分身產生後，會利用這個積木進行分身的各項初始值設定，不管是位置、大小等，設定好各項初始值準備和使用者互動。

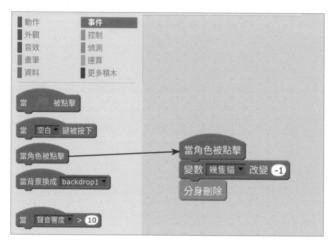

當角色被點擊

使用另一個程式的入口「當角色被點擊」。

舞台上會依據使用者產生許多隻貓，而這些貓被滑鼠點擊時，將變數「幾隻貓」的數量減 1，然後把被點擊到的那隻貓從舞台上刪去。

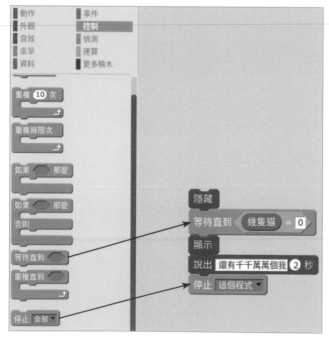

程式末端

最後看看程式區塊的最後端。

還記得上一個當角色被點擊的說明嗎！

比對這裡，使用「等待直到幾隻貓 =0」這塊積木，也就是程式要繼續向下執行的條件就是貓的數量要減為 0，也因此必須要將舞台上所有的貓刪掉才繼續向下執行。

 「等待直到…」這塊積木功能非常的大喔！

 完整的程式碼

下圖為完整的程式碼，和自己寫的檢查一下，是否有所差異，沒問題的話，就可以按下開始執行按鈕（提示：綠色的旗子），然後再一一點擊分身貓，把它們一一刪去，結束這個小遊戲。

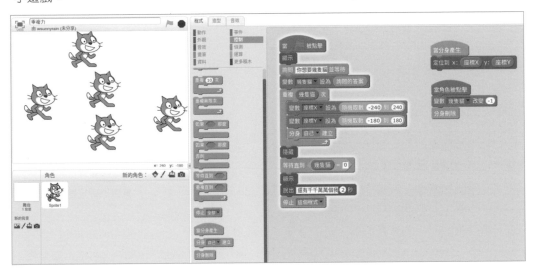

別以為這個小遊戲沒什麼作用，其實它的主架構可以更深入的擴充設計，比如「打蚊子」、「打蟑螂」等等的遊戲，只要再加上計分和計時，就可以寫出動人的遊戲了！心動了嗎，可以自己試試看喔！

5.5 美麗的萬花筒

有了迴圈的基礎概念後，利用這個概念，以正方形為底，畫出五彩的萬花筒吧！

5.5.1 單圈萬花筒

利用流程圖規劃想法！

 畫單圈正方形

① 利用隨機亂數設定起始座標位置（x, y）。

② 利用隨機亂數設定正方形長度 d。

③ 一圈為 360 度，每畫一次轉 15 度，所以 loop = 360 / 15 做為畫正方形的次數。

④ 建立迴圈開始隨意筆色畫一個正方形，直到畫了一圈後結束。

檢視並了解流程圖後，開始實作程式積木。

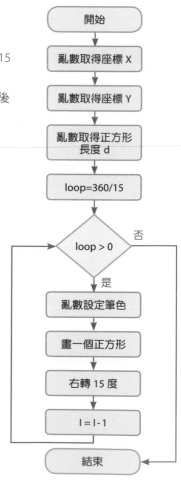

設定四個變數

先利用第四單元的操作技巧，分別設定四個變數：x, y, d, loop。

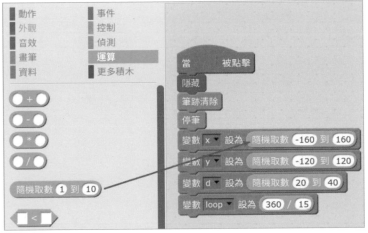

初始值設定

利用運算積木裡的「隨機取數」積木，分別設定 x, y, d 及設定 loop = 360/15。

 提示

觀察亂數的區間，例如 d 會產生介於 20 到 40 的任意一個數值，這個數值做為長方形的長度，因此畫出來的正方形是不固定大小的。

 **畫單圈正方形迴圈**

利用控制積木區裡的「重複直到」積木，重複執行，直到 loop < 0 才停止迴圈。

迴圈裡執行的動作很單純，改變筆的顏色值加 10，畫一個 d 長度的正方形，將 loop 旗標值減 1，最後旋轉 15 度，回到迴圈判斷起點再次判斷是否 loop < 0，一直重複，直到 loop < 0 才停止迴圈。

 畫正方形的動作一直重複，是否可以改用迴圈來處理呢？試試看吧！

程式執行結果圖

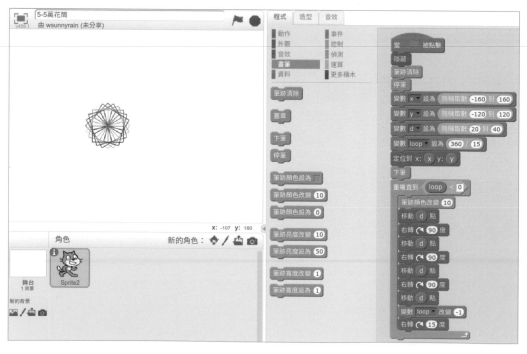

5.5.2　隨機位置畫十個單圈正方形

在上一小節裡僅可以畫一個單圈正方形，如果要它畫十次呢？要用什麼樣的積木去包圍它呢？

想到了嗎？利用控制積木裡的 ，但是要把它放在哪裡呢？單圈正方形的整段程式碼要如何處理呢？

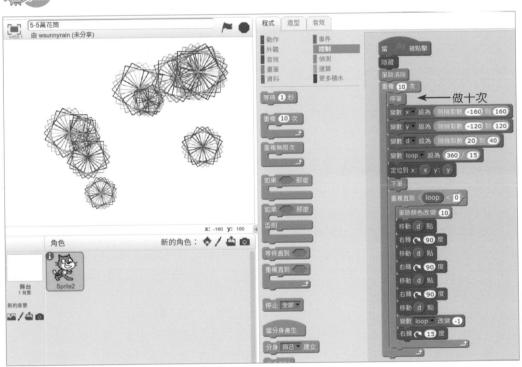

你做對了嗎？一個小小的動作，卻帶來大大的滿足，程式設計是不是很有趣呢！

5.6 結語

迴圈是電腦的強項，在設計師的巧妙安排下，電腦、機器人、機器手甚至是自動駕駛車等等，都可以在控制之下，一直重複的幫我們工作，直到機器壞掉之前，不會喊累，不需要休息，想想看，在自動化的工廠裡，機器每天一再重複的做著相同的動作生產著相同的產品，也正因此才可以讓我們有價廉物美的產品可以使用，完全取代人工作業，所以認真學會如何控制迴圈，如何在迴圈內進行各式各樣的運算或是工作，是很重要的課題，也是要成為程式高手必備的技能。

大風吹

學後成果：大家都玩過大風吹的遊戲，例如十一個人在玩，剛開始時一個人當鬼，其他的十個人坐在椅子上，這時所有的人就要一起問「大風吹，吹什麼？」，當鬼的那個人，就要依據各種情境，提出問題，例如「大風吹，吹穿紅衣服的人」，此時，所有坐在椅子上有穿紅衣服的都要起身，趕快去找另一張空下來的椅子坐，而當鬼的人也要趕快趁許多人離開椅子找新位子時，去搶別人的椅子坐，最後又會剩下一個搶不到位子的人當鬼，遊戲就這樣一直重覆玩下去。

在這個遊戲裡，依據情境提出條件式，而其他人依據條件做出不同的判斷反應，在電腦程式裡，這是非常重要的基礎關鍵能力：邏輯力。閱讀完本章，你可以學會：

- ⊘ 能加強思辨邏輯力
- ⊘ 會使用「如果…那麼…否則」積木做出思考決策
- ⊘ 可以在條件式中加入判斷元素：如四則運算之結果
- ⊘ 可以善用 Scratch 的條件積木

6.1 條件與決策

日常生活中，無時無刻充滿著可預期或是不可預期的問題！從早上起床開始上學，就是面對一連串的條件起點。

- 是不是下雨天？
- 吃什麼早餐？
- 拿不拿雨具？
- 書包文具準備好了嗎？
- 走出門口經過十字路口，綠燈了嗎？
- 走進教室坐在椅子上，先做什麼事呢？

諸如此類，不管是行走坐臥，上課前上課中下課後，隨時隨地都會遇到各式各樣的條件，不同的條件會有不同的決策答案，而不同的決策答案，又會引起另一種不同的情境條件以及另一種不同的決策答案。現在請大家回想一下，今天遇到了什麼問題，做出了什麼樣的決策？

如果把這些條件與決策，搬到電腦程式裡運行，那是對程式設計師的最大考驗與挑戰，因為他必須思考各式各樣「可能」發生的問題，「可能」產生的答案，「應該」做出的結果反應等等，這種思考是全面性的！例如組裝了一台自走車，當車子在地上行進時，「目前距離障礙物多遠？」「若距離三十公分要轉彎嗎？」「要左轉還是右轉？」「要轉多少角度？」「前進還是後退較安全？」「左或右轉之後還是有障礙物嗎？」

是的，優良的程式設計師就必須要有優良的思辨邏輯力，這種能力不是一天二天就可以養成的，而是無時無刻的從日常生活經驗中、大量的閱讀、大量觀看其他程式設計師所撰寫的程式碼，日積月累的進步學習，才可以成為優良的程式工程師。

6.2 流程圖

當遇到一連串的問題時，如果全部使用文字敘述，除了又臭又長不容易閱讀理解之外，更容易因為敘述的錯誤而造成整個程式的錯誤，為了有效解決這個問題，通常會使用流程圖的方式來解決，圖表的方式可以讓思考變得清楚不易混亂，在後續的章節裡，會依據需要逐步介紹所有的流程圖方塊，現在先學習幾種流程圖方塊，其中最重要的就是決策方塊。

前面幾個單元雖然有使用到流程圖，但沒有正式介紹，現在就好好的學習它吧！

圖形	名稱	代表意義
	起始終止圖	通常放在一個程式的開始以及程式終止的地方
↓	方向行進圖	表示程式進行的方向
	程式處理圖	用來表示程式處理的內容，可以是簡單的：3 + 2 也可以是複雜的：找出最大值
	程式輸出入圖	資料的輸入以及結果的輸出
	程式決策圖	用來表示條件的決策，通常會伴隨二個不同的方向行進

看完上面的五個基本流程圖樣，會不會有越看越不懂的感覺！別急，接下來利用實際的例子，搭配 Scratch 的積木操作，就可以掌握住它的精神了。

6.3 誰的年紀大

幼兒沒有數字大小的觀念，每次看到朋友都在問和朋友的年紀誰比較大，為了解決這個問題，只好設計一個可以判斷年紀大小的程式，只要分別輸入二個人的年紀，電腦就會說出誰的年紀大。

要解決這個問題，別急著馬上就打開電腦使用 Scratch，在撰寫程式前，應該先畫畫流程圖，思考一下，這樣的方式能不能解決問題，從流程圖上也可以看出整個思考的邏輯是不是有問題，有沒有什麼地方有缺失可以修改，這樣的作法可以讓程式撰寫時減少很多錯誤。

現在想想流程圖會是長什麼樣子。

 誰的年紀大流程圖

檢視一下右邊的流程圖，同時比對一下第二節的流程圖示說明，讓記憶更加深刻，為未來做好準備。

思考流程：

❶ 分別輸入小明和朋友的年紀

❷ 開始運用大於小於等於數值進行判斷

　① 如果小明 > 朋友，就說出小明比較大

　② 如果小明 < 朋友，就說出朋友比較大

　③ 如果小明 = 朋友，就說出二人一樣大

提示
請注意決策圖的畫法，具有「是」「否」二條不同的行進路線。

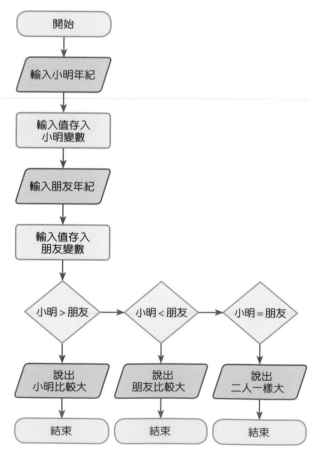

思考一下整個流程，如果沒有什麼大問題，就可以開始動手寫程式，這裡也要提醒一下，程式開發是不停的滾動，也就是說，現在畫出來的流程圖並非絕對，在撰寫較大型專案時，經常在撰寫程式時發現更細微的問題，亦或是撰寫過程中發現流程怪怪的，無法處理問題時，都會再重新回頭審視流程圖，調整流程，甚至發現整個流程是錯誤的，全部打掉重練也是經常會發生的事情。

要成為高手中的高手，就必須要忍受各種堅苦的訓練。接下來就用 Scratch 來實作吧！

經過前面各單元的學習，本單元中積木的拖曳、組合及基本操作（如輸入資料數值等）將不再一一擷圖顯示，如果操作上還有問題，請從第一單元開始重新再學一次，一定要把基本功學會才行。

建立變數

習慣性養成，在程式撰寫前，先把變數建立好備用。

利用資料積木，建立「小明」「朋友」二個變數，因為這個變數並不須要和其他角色互動，所以可以使用「僅適用這個角色」。

建立初始值

取得使用者的輸入值來設定小明和朋友的初始。

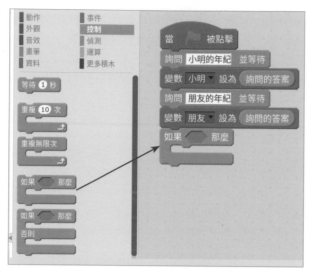

 控制積木區

重頭戲來了,接下來就是進入邏輯判斷了,點選「控制」,可以發現,裡面都是和控制程式流程有關的積木。

找到「如果…那麼」積木,拖曳到程式區裡,如左圖所示。

如果「條件為真」那麼就執行條件區塊裡面的內容,如果「條件為假」就離開條件區塊。

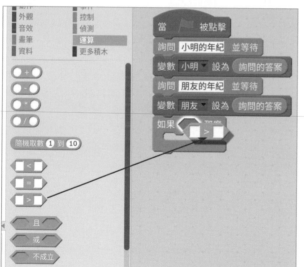

運算裡的大於積木

點選「運算」。

除了上一章用過的四則運算,底下還有許多用於判斷運算的積木,先把「大於」積木拖曳到「如果…那麼」的條件判斷裡面,如左圖所示。

同樣的,拖曳時可以從積木形狀及週圍出現白色的邊,就表示可以把積木組合在這裡面。

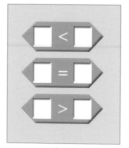

比較積木

左邊三個是比較積木,就是比較左右二個資料值是「小於」「等於」還是「大於」。

進行資料大小條件比對時,少不了這三個。

 而且、或者、不成立判斷積木

 左圖是史複雜的條件判斷積木。

這是結合二種結果的條件式，口袋的錢要大於 500「而且」今天天氣等於晴天，當二種條件都成立時，就可以出門去玩了，如果錢不夠或不是晴天，就不能出門去玩。

這種「且」「或」「不成立」的條件判斷，在未來的學習裡，一定會經常遇到。

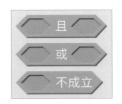

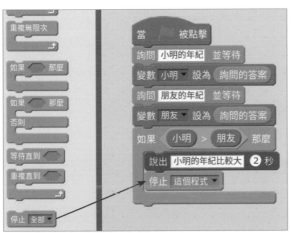

比較後說出結果，結束程式

如果「小明 > 朋友」，就說出小明的年紀比較大，停止這個程式。

停止程式如左圖所示，拖曳到程式區之後，可以下拉選擇停止「這個程式」，未來如果寫更複雜的多角色程式時，如果拖曳「停止全部」，就會把整個程式停下來。

剩下來的判斷，可以自己獨立完成嗎？

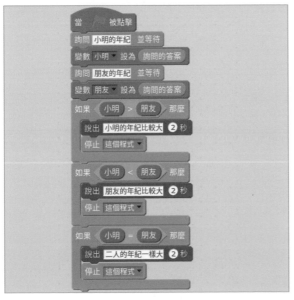

完整的程式積木碼

左圖是比較誰的年紀大，完整的程式積木碼，檢視一下，如果沒有問題就可以執行測試，分別輸入二人的年紀，看看電腦是不是會依照指示說出結果。

執行完畢之後，再仔細檢查，有沒有覺得那裡好像怪怪的呢？

6.4 問題藏在細節裡

這個程式可以正確執行，看起來應該沒有問題才對，可是如果再認真想想，它有一個入口卻有三個出口！

假設綠色執行旗按下去開始進入程式是「入口」，可是到後面，每一個判斷都會有一個離開程式的「出口」，現在這是一個非常小的程式，可能還感覺不出問題，試想如果這是一個較複雜的龐大程式，程式裡也同時控制著數個角色，太多的出口當程式異常結束中斷時，經常不太容易找到錯誤的判斷點。

另外還有很重要的一點，當其中任何一個條件成功，說出結果之後就結束程式，萬一以後的情形不是結束程式，它的後面還有其他的工作要做的話，這個程式碼會繼續做出多餘無用的判斷，比如當小明年紀比朋友大，第一個判斷「小明 > 朋友」，執行完畢之後，結束這個判斷，但繼續往下走，它繼續判斷「小明 < 朋友」，這就是多餘無用的判斷。

如果之前操作有注意到，判斷條件積木裡有一個「如果…那麼…否則」，透過這個積木可以把判斷條件整合在一起，成為「一組」，而不是「三個分開的判斷」。

讓我們看看修改過後的判斷，也就是利用「如果…那麼…否則」積木做出來的結果。

改變後的程式碼比對圖

檢視左圖二個不同的判斷區塊。圖右邊是之前撰寫分別做三次判斷，並在判斷正確時結束程式。

由於**數值比較只有三種：大於、小於、等於**，不會有第四種情形（很重要的觀念），所以用如果…那麼…否則先判斷小明是不是大於朋友，「是」就說出小明的年紀比較大，「否」就進入否則的判斷區塊，再加入另一個條件區塊如果…那麼…否則，繼續進行判斷。

比對一下，圖左是不是較簡潔！只是它需要有更高的邏輯思辨力！多想想！

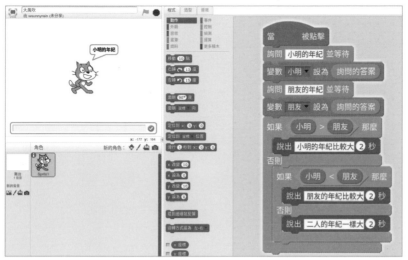

誰的年紀大
完整程式

左圖為誰的年紀大完整程式，執行看看結果吧！

多想想，如果…那麼…否則

6.5 數值運算判斷

記住，條件判斷的「條件」可以是包羅萬象的，上一節只是數值比大小，這一節再多學學數值的運算判斷做為本章的結束。

奇數和偶數，是很熟悉的數學名詞，奇數指的是 1 3 5 7 9 ….，偶數指的是 2 4 6 8 10…，在電腦的運算中，要判斷一個數是奇數還是偶數，會把那個數拿來除以 2，能夠整除的就是偶數，例如：

$$8 / 2 = 4$$
$$24 / 2 = 12$$

無法整除的就是奇數，例如

$$5 / 2 = 2 餘 1$$
$$13 / 2 = 6 餘 1$$

接下來就來實作一個小程式，讓電腦判斷輸入的數是奇數還是偶數。

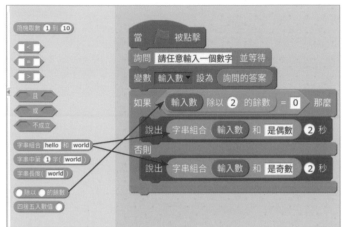

偶數奇數程式區塊

左圖為偶數奇數的程式區塊。

重點有二個：

❶ 利用求餘數的運算積木，依據餘數是不是 0 來判斷是偶數或是奇數。

❷ 利用字串組合積木，組合出較有意義的句子，例如輸入的是 24，它會說出「24 是偶數」。

求餘數積木與字串組合積木

求餘數積木和字串組合積木如左圖，比照上面的積木，思考一下這二塊積木的功能。

6.6 結語

一個有效能的強大應用程式，其背後一定有強大的情境分析力和邏輯判斷力，才可以想像出各式可能並且判斷流程的走向，比如大家常見的射擊遊戲，按下什麼鍵要發射子彈？子彈行進的速度要多少？有沒有打擊到敵人？敵人受傷損血情形？敵人有沒有死亡？要加幾分等等等的情境，都必須依靠各式各樣的運算判斷，所以準備好向更深入的課程挑戰了嗎？

CHAPTER 07

動畫故事

學後成果：動畫故事，除了有動畫外，更重要的是故事的內容。一個創意新奇的故事，往往是動畫成功的關鍵，在本單元裡，讓我們來嘗試做個簡單的動畫故事。

經過本單元的介紹與學習，你可以學會：

- ⊘ 透過事件，完成更多動畫與播放音樂的技巧
- ⊘ 能夠運用廣播訊息進行不同角色的訊息傳遞
- ⊘ 會用心智圖規劃創意故事
- ⊘ 自我實作創意故事動畫

隨著音樂跳舞動畫與同步事件

首先嘗試做一個可以隨著音樂跳舞的動畫，程式很簡單，人物可以隨著音樂左右搖擺跳著舞蹈。

回憶先前學習過的單元，這次會用到哪些基礎積木呢？

舞台與角色

首先建立新專案，然後從素材庫裡取得舞台背景與角色！

- 舞台背景：hall
- 角色：Anina Hip-Hop

提示

可利用右上方縮小按鈕適當縮小角色。

建立三個資料變數

如左圖所示，建立三個資料變數 x, y, dx：

- (x, y) 要做為角色的顯示座標值
- dx 要做為左右搖擺的偏移值

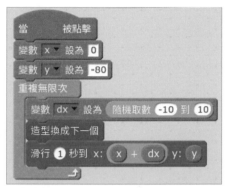

 提示
因為 dx 是亂數值，所以會左右
移動。

左右搖擺跳舞積木程式

❶ 設定角色起始座標（x, y）–（0, -80）。

❷ 建立一個重複無次的無窮迴圈。

❸ 要做到左右任意移動，因此利用運算積木區
裡的「隨機取數」積木，把它設為 -10~10 之
間，並存入 dx。

❹ 換下一張造型圖（一共有十三張）。

❺ 使用動作積木區的「滑行」積木，讓角色在 1
秒內移動到（x+dx, y）的位置。

檢查一下是否有錯誤，沒有的話執行看看，角色是不是在舞台中左右移動的跳著舞
呢！但是，好像缺少了什麼？對，少了音樂的陪伴，動畫如果有了音樂效果，會更
有趣的，讓我們來加上音樂吧！

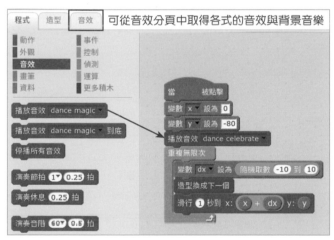

可從音效分頁中取得各式的音效與背景音樂

加上音樂陪襯

從音效積木區裡拉出播放音效積
木，拖曳到如左圖的積木內。

好了，別忘了打開喇叭，再次執
行，這次除了角色在跳舞外，也
有美美的音樂陪襯。

但是，等等，好像怪怪的？

提示
也可以從音效分頁中取得不同的聲音或音樂，然後從「播放音效」積木下拉選擇不同的
音樂。

執行一段時間後，音樂會播放完畢，然後就再也沒有聲音了！也就是它僅會播放一
次而已，我們的希望是一直重複的播放直到結束。

或許會覺得，把它放到重複無限次迴圈中，不就會隨著程式執行不停的播放了嗎？如果這樣做，確實會一直播放，但是會有問題，什麼問題呢？請自己做做看！

從第四單元中知道，每個角色都有自己的積木程式區，每個角色都有自己的開始事件，而這些事件是獨立同步發生的，也就是說，不同的角色聽到號令後，就開始各忙各的。同樣地道理，一個角色也可以有需要各自獨立但同步執行的事件。

以音樂播放的例子來說，希望它一開始就隨著角色播放，播放完畢後再從頭開始播放，而且播放時不可以影響到其他角色，這就需要另一個獨立的開始事件才可以完成。

另一個獨立的開始事件程式

製造另一個開始事件程式，當程式執行時，會同步執行這一個獨立的程式，用一個「重複無限次」的無窮迴圈，把音樂播放包起來，當播放音效到底，它又會自動從頭開始播放，直到程式結束。

完整的音樂跳舞程式

左圖為完整的音樂跳舞程式，它有二個各自獨立的事件，各做各的，除非程式中有其他事件去影響它，否則是不會互相干擾的，而這正符合播放音樂的需求。

未來在更複雜的程式，會看到更多各自獨立的事件程式，比如按鈕事件、碰撞事件等。

用心智圖規劃故事

要規劃一個小故事，可以從最基礎的 5 W 1 H 開始，所謂 5 W 1 H 是指為什麼（WHY）、事件對象（WHAT）、地點（WHERE）、時間（WHEN）、人物（WHO）、解決方法（HOW）等六個面向提出問題進行思考。

為了讓創意能夠用圖形化的方式來表達，常使用心智圖來將思考圖形化，例如要寫一個參觀書房的小小動畫故事，就可以這樣做。

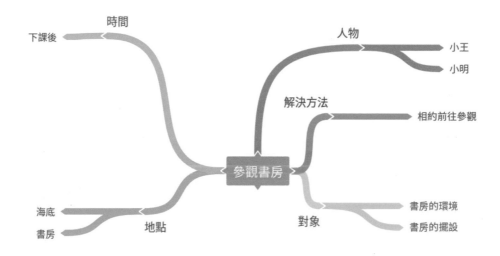

上圖為利用心智圖，將需要的故事內容，用圖形來表達，透過心智圖的運用，可以讓思考變得具體且明確，在繪製心智圖時，將自己的想法充份用簡單的字句表達，讓自己可以看懂即可，不需要太多的句子說明讓別人能看懂。

心智圖也很適合和同一組內的人相互溝通，大家在實作前，利用心智圖確定實作的方向和內容，往往是成功的關鍵，以免做一半甚至是做到最後才發現問題，這樣會打擊士氣也會浪費很多時間。

繪製心智圖有許多相關的應用軟體，本圖是使用網路應用軟體 coggle，網址為：https://coggle.it/。

上網就可以使用，而且支援多人共筆，可以和同組的朋友在不同的電腦上一起繪製同一張心智圖。

參觀書房動畫實作

動畫不光是動，應該也要有所謂的劇情才對！依據上一節的心智圖，假設要完成底下的對話劇情！

場景 A：海底

小王：我家裡的書房剛整理好，你要不要去看看？

小明：好啊，走吧！

切換到場景 B：書房

小明：哇，好棒的書房！

小王：是啊，讀書更加用心了！

接下來要如何用程式完成呢？

二個舞台背景

用學習過的技巧，刪去空白背景並且利用範例庫裡面背景，增加二個舞台背景，一個是水下的背景（underwater3），另一個是房間的背景（room1）。

增加二個新角色

繼續用學過的增加新角色的技巧，將原有的貓刪去之後，在範例庫裡新增二個角色，一個是 Abby，另一個是 Avery，把它們放置在舞台的適當位置。

 Abby 的主程式

不論是舞台、角色,都各有自己的程式,請確定目前角色 Abby 是被選擇的(如上頁「增加二個新角色」圖),Abby 有藍色框表示被選擇。

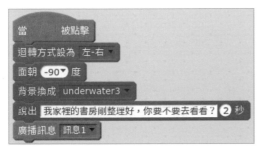

左邊 Abby 的主程式,從「運動」積木區中將「迴轉方式設為左右」,並且面向左邊。

從「外觀」積木區裡,將背景切換到水底的背景,並且說出一句話,持續 2 秒鐘。

最後從「控制」積木區中,拖曳「廣播訊息1」到最後面。請檢視左上角圖。

 廣播與接收

角色與角色之間通常會利用 廣播訊息互相溝通。

當 Abby 說完話,這時要輪到 Avery 說話,因此由 Abby 發起廣播訊息 1(如上圖),這時 Avery 接收到訊息 1,就是它說話的時機了。

程式碼如下圖。特別注意,Avery 是被選擇的狀態。

新訊息

每個訊息都可以代表不同的意義，但不可以收到訊息 1 又廣播訊息 1，這樣會造成無窮的迴圈，所以下拉廣播訊息，點選新訊息，新增一個新的訊息。

自訂新訊息

出現新消息視窗，輸入新的訊息名稱「換場景」，如左圖。輸入完畢按下「確定」按鈕。

舞台切換背景

點選舞台，如左圖舞台被藍色框選住，這樣才可以設計舞台的程式碼。

舞台程式碼

程式碼如左圖，接收到換場景訊息就切換到書房背景，並且廣播「書房」（請另外再新增書房新訊息，如下圖）。

Avery 接收到書房訊息

點選 Avery，當它接收到書房時，說一句話後再廣播 Abby 回答（請另外新增 Abby 回答的訊息）。

Abby 接收到 Abby 回答訊息

點選 Abby，當它接收到「Abby 回答」訊息，說出最後一句話，整個對話程式完成。

執行前請重新檢視,舞台及每個人物自有的程式碼,是不是正確。沒問題的話,就執行看看,是不是如之前設定的劇情一樣,可以對話並且切換場景。

訊息廣播和接收,是角色和角色之間互相溝通的重要橋樑,在設計多角色動畫或是各式各樣的遊戲時,訊息廣播和接收是非常重要的技巧,多想想,因為未來角色越來越多時,訊息的廣播和接收會變得越來越頻繁。

現在請規劃另一個動畫故事,先用心智圖畫出來後,再利用 Scratch 實作出來和其他同學分享。

7.4 結語

透過本單元的學習,相信應該了解同個角色也可以有不同的同步事件,利用它來完成需要共同合作的程式單元,如音樂的播放。

另外要讓不同的角色可以互相溝通,廣播和接受這二個積木是非常重要的關鍵,日後在撰寫更複雜的程式時,一定會經常見到它的身影。

M · E · M · O

08

撿球的貓

學後成果：之前的單元學會了迴圈，了解電腦可以一而再再而三的執行重複安排好的工作，接下來當要完成的工作越來越多，程式區塊（程式碼）越來越長，伴隨著角色也越來越多，互動也更加複雜，如何讓程式區塊（程式碼）可以切開來成為另一塊積木，就是本章要學習的重點了。

閱讀完本章，你可以學會：

- ✓ 能知道什麼是自定義函式積木
- ✓ 會善用自定義函式積木完成特定工作
- ✓ 可以透過變數資料取得函示積木的處理結果

8.1 用模型做餅乾

首先從做餅乾說起，餅乾是大家常吃的食物，其實它的作法也很簡單，如底下的流程圖。

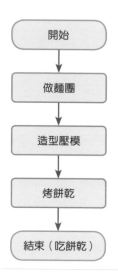

 **做餅乾流程圖**

做餅乾是從做麵團開始，將麵粉和水、蛋、油等依比例混合，揉成團後，再用餅乾造型壓模，讓餅乾有各種不同的形狀，最後送進烤箱烘烤，就做好了。

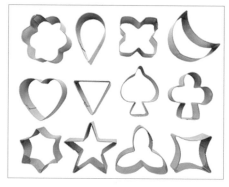

 **餅乾模型**（品牌：西班牙 IBILI）

左圖是餅乾造型壓模。

造型壓模就像小時候玩的黏土造型一樣，只要利用想要的形狀，就著麵團一壓，就做出同樣形狀的餅乾造型，不同的形狀會壓出不同的餅乾造型，而且可以一再重複做某一種相同形狀的造型餅乾，是相當方便的工具。

看到這裡或許會覺得，好奇怪，為什麼學程式設計學到做餅乾了！其實，仔細想想，例如要做出一百個月亮造型餅乾，做一百次不就可以利用迴圈！那月亮造型就是模組了！把它想像成月亮模組，再加上迴圈，不就可以很快的做出一百個、一千個、一萬個相同的月亮造型餅乾了嗎！在同樣的迴圈裡，如果把月亮模組抽換成星星模組，一個很簡單的替換動作，馬上可以做出許許多多的星星餅乾！

因此，電腦程式裡的函示積木（備註：Scratch 稱函示積木，其實就是其他標準程式語言裡的函數）就類似這裡介紹的餅乾模型，透過模型的打造（自定義函示積木），就可以輕鬆的執行一系列既定的工作，就好比壓一次就是一塊做好的造型餅乾，而更重要的是，這個模型還可以讓其他人方便做出一模一樣的餅乾造型，也就是自定義函示積木，只要設計良好就可以通用在相類似的情境中，這點在更深入的課程中就可以發現它的所在。

還有很重要的一點，透過自定義函示積木，可以讓程式碼更易理解與閱讀，接下來就來學習並實作自定義函示積木。

8.2 踱步的貓

首先假設出現底下的情況，貓說了一句話之後向右走 150 點，然後向左走 150 點，又說一句話，說完向右走 150 點，向左走 150 點，再說一句話，再用同樣的方式走一次，現在來看看程式碼會長成什麼樣子！

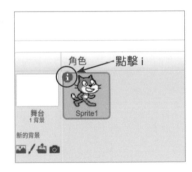

改變角色屬性

為了讓貓可以面朝右（90 度）與面朝左（-90 度）。

所以要將預設迴轉方式改為左右，原先預設是 360 度，所以不修改時，常面朝左時，貓會是倒立的。自己可以試試看，看看是不是朝左的倒立貓。

點擊角色左上角的藍底白字的 i。

改變迴轉方式

出現如左圖的訊息視窗：

❶ 迴轉方式請點擊左右的箭頭，讓貓只可以向左或向右，右方有個方向，可以拖曳藍色的線條，看看結果。

❷ 改好之後，點擊向左箭頭，將訊息視窗縮小關閉。

提示
還記得在「動作」積木裡的迴轉方式設定積木嗎？

迴轉方式設為 左-右
　　左-右
　　不旋轉
　　不設限

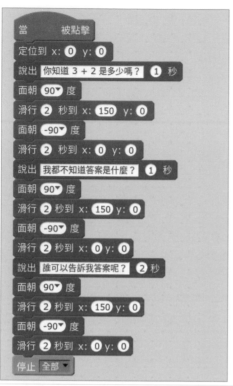

 踱步的貓程式碼

左圖是踱步的貓程式碼。

如前所述,說一句走一段、說一句走一段,注意觀察一下,很多程式積木是一再重複,可以找出是哪些程式積木重複嗎!

 重複的積木

找出來了嗎?

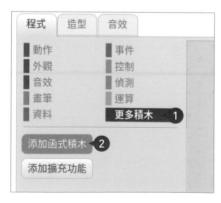

左圖是一再重複的積木,目前只有三句話,如果有十句話,這些積木是不是要重複十次呢!那程式碼是不是越拉越長,最後變得很難看(因為太長了,要一直拉動頁面捲軸)

萬一要移動 200 點,要改的地方就會很多,雖然用變數可以解決部份問題,但重複的程式碼還是太長。

 添加函式積木

現在是添加自定義函示積木的時機了!

❶ 點選「更多積木」
❷ 點擊「添加函式積木」

 自定義函示積木名稱

新的積木輸入畫面如下圖所示。

➊ 自行輸入自定義名稱，一定要有一個
獨一無二的名稱。

➋ 輸入完畢按下確定。

 組合完成自定義積木

將自定義積木組合完成。

下圖很像是「一個小型的程式」

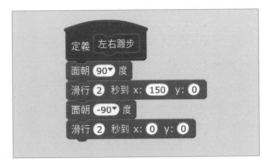

 完成程式碼

下圖為完成的程式碼。

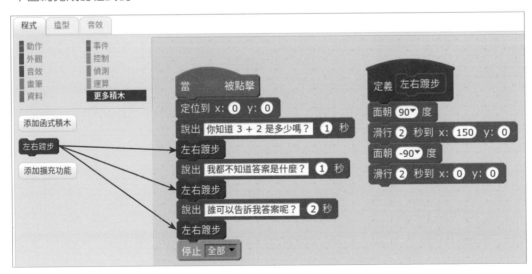

之前重複的程式碼使用「左右踱步」來取代之後，不僅程式變得簡潔，而且主程式更容易
閱讀，若要修改滑行時間或是距離，也只要修改自定義函示積木就可以套用到所有使用這
個積木的程式，相當方便及有效能。

8.3 小貓撿球

現在利用自定義函示積木來設計一個小遊戲,舞台上有隻小貓,可以移動,去撿拾舞台上的一個小球。很簡單,是的,觀念很簡單,做法也不難,但是掌握住這個技巧,它可以利用這個架構做出更多類似的遊戲喔!

小貓撿球流程圖

有了上一節建立的函示積木的概念之後,來試試看模塊式的程式開發模式。

所謂模塊式的開發模式,是指思考程式流程時,先忽略細節部份,著眼於主要的關鍵流程,優先建立整個程式架構,並盡量使用函示積木的概念想法,組合出整個應用程式。

以右圖為例,是不是一眼就可以看出整個程式的流程和架構,如果 Scratch 有提供這些積木,不就簡簡單單的組合起來就完成了整個程式!(當然 Scratch 預設是沒有這些積木的)

因此,一個良好的從上而下的分析開發,就是掌握住關鍵八個字「大處著眼,小處著手」。

有了這個初步的「可能積木」,接下來就是開始程式細節的積木組合規畫了。

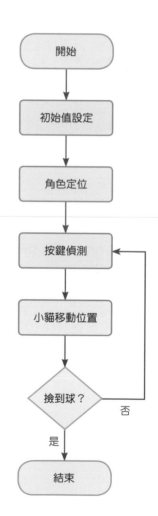

由上而下的開發模式

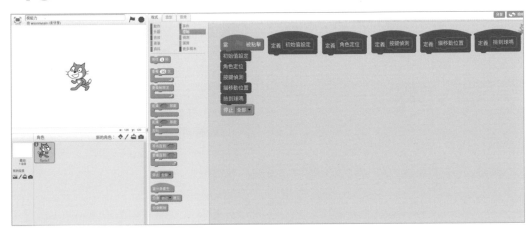

首先依據模塊式的思考模式，完成「可能」會用到的積木，先把這些自定義積木組合起來，完成整個「可能」架構。

程式就此完成？還早得很呢！如前所述，透過函示積木可以讓整個系統的輪廓較清楚明白，例如上圖，不管是自己或是他人，都可以很清楚的看懂整個程式架構。假設沒有什麼大問題，只要依照規劃架構的方式，實作出函示積木的內容就完成了整個程式。然而，事情並非都是那麼順利，在撰寫函示積木的細節時，往往都會出現更多起初沒有想到的更細節的問題，這時「再增加函示積木」「修改刪掉多餘函示積木」等等工作，將會一而再再而三的重複上演，學習到這裡一定要建立一個非常重要的觀念：

程式設計是不停滾動求精的過程

接下來就開始逐步依據規劃，實作出自定義函示積木的各項實際功能。

增加「球」角色

馬上寫程式？別急別急，先把需要的角色找出來。

在舞台上增加一個「球」角色，如果忘了怎樣從範例庫中取得，可以參考之前的章節。

（噓！有看到那個箭頭嗎！從那裡點下去看看有什麼。）

和角色相關的功能按鍵

左圖右上方是和角色相關的功能按鍵。它的功能如下圖所示。

▲ 功能圖示

縮小貓和球

原來的貓和球，就舞台大小來說，有點大，所以把它們適當的縮小。

① 先按下縮小按鈕，注意看一下，滑鼠游標會改變成縮小的圖示。

② 移到想要縮小的貓身上按一下滑鼠左鍵就會縮小 5%，縮小到適當大小即可。

 提示

如果不要預先縮小，也可以利用「外觀」「尺寸設為%」或「尺寸改變」的積木，在角色定位時用積木將角色依需要適當縮小。

完成貓的初始值和定位

設定貓X和貓Y二個區域變數,在初始值設定時,將二個變數設定0,表示一開始要讓貓出現在舞台中間(原點)。程式如下圖所示。

其中也追加尺寸設定積木,其實因為已手動縮小,這個積木可以省略。

那球的起始值和定位?

球角色的程式區

還記得嗎?要處理球角色就要先選擇球角色,如下圖所示,先點選球角色,注意四週有藍色的框,表示被選擇了。

接下來…,慢著,電腦當機了嗎?為什麼程式區空空的,什麼都沒有?剛才所有的程式積木都到哪裡去了?

別急別急，如果這時點選貓角色，會發現程式積木又出現在程式區裡了！原來，Scratch 有個特色，**每個角色各有自己的程式區**，彼此看不見對方的程式，因此看不見也用不到，還記得學習變數時，有「適用所有角色」的變數嗎，但程式就沒有適用所有角色的程式區，優點是程式不會互相干擾，但缺點是無法共用函示積木。角色和角色之間要溝通，常用的有整體變數和「事件」積木區裡的訊息廣播和接收。

 利用背包交換程式碼

交換程式區塊有二種方法，一種是直接把貓來源程式碼，直接拖曳到目標球角色上。

利用背包的方式（**網路線上版才有的功能**）：

❶ 點選來源貓角色

❷ 點選打開「背包」

❸ 拖曳程式區塊到背包裡

這時只要點選目標球角色，再把背包裡的程式區塊拖曳出來即可。

背包也可以當做是程式區塊的儲存區，很實用的功能。

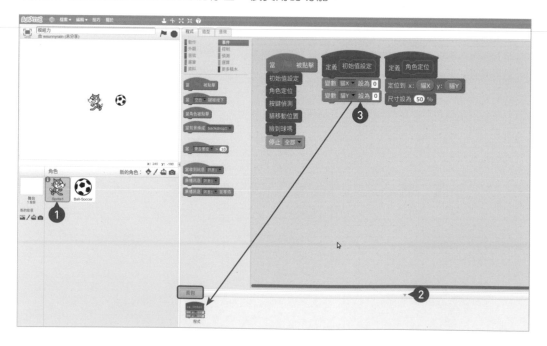

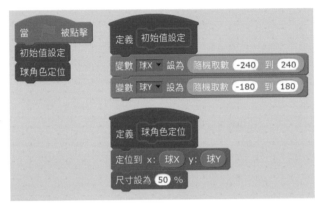

 球角色程式碼

左圖為球角色程式碼，其中定位的座標，是由亂數取得的數值，所以每次執行，球的位置都會不同。

還記得也可以用「動作」積木裡的

 提示

也有可能球一出現就在貓附近的狀況，若要避免就要更多的條件判斷了。

把貓和球角色的初始值和定位程式都完成後，就可以試著執行看看。是的，檢視貓角色的程式區塊，雖然還有函示積木是空的尚未完成，但是架構已完成。試著執行會發現，除了貓一直定位在（0,0）之外，每執行一次球就會出現在不同的地方。

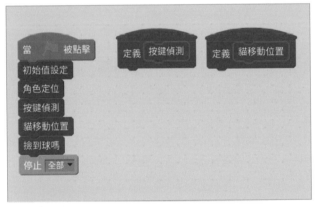

 貓角色的按鍵偵測與移動

當所有角色初始值和舞台位置都決定好了，現在必須偵測鍵盤的上下左右是否被按下，並且依據偵測結果移動貓位置。

為了簡化程式，假定貓每次都是移動3點，所以定義一個變數「移動」，並且把它設為3，然後把它加入到初始值設定。

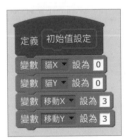

 更動的初始值設定

增加二個區域變數「移動 X」和「移動 Y」，並將它設為3。

為什麼要這麼麻煩，因為使用移動變數，可以使程式保持彈性，例如測試時發現移動位置太少，這時只要更改移動的內容初始值，所有使用這個變數的其他積木都會一起跟著變動。

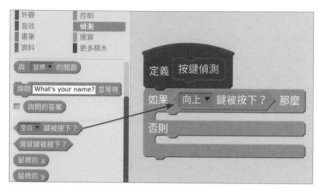

 按鍵偵測

在偵測積木區裡,有按鍵和滑鼠鍵的偵測積木,如左圖所示。

拖曳按鍵偵測積木到條件判斷裡,然後下拉選單,選擇向上鍵。

由於有上下左右四個方向,接下來請把其他的判斷自行拖曳組合。

提示
它是多重判斷,有點難喔,先想想做做看,再看底下的結果圖。

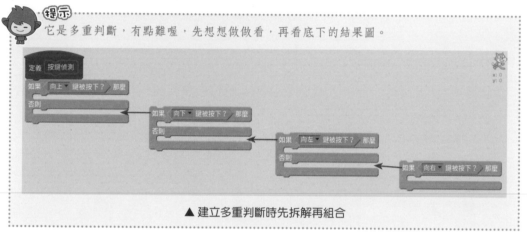

▲ 建立多重判斷時先拆解再組合

建立多重判斷是眾多初學者困惑的地方,其實可以如上圖,先分別建立,如果向上…否則、如果向下…否則、如果向左…否則、如果向右,因為只有上下左右,因此會有四層,先個別建立可以讓邏輯明白清楚,別急著馬上組合,等到判斷的最後一層確定之後,再重新審視是否有所缺漏,如果沒有的話,再如上圖進行組合。

 按鍵偵測條件判斷組合

左圖為組合之後的結果,說句實話,如果沒有拆解,一眼要看清楚確實是有點困難,除非是經驗老道的程式師。

但如果是依據需要的條件分解,再組合,相信一般學習者都可以很快上手的。

如果覺得還有問題,請比對最上面的「按鍵偵測」圖,多想多看!

 依據按鍵調整貓的 X 和 Y 座標值

依據上下左右的不同，調整貓的 X 和 Y 座標值。

- 向上貓 Y 座標增加
  貓 Y= 目前 y 座標 + 移動 Y

- 向下貓 Y 座標減少
  貓 Y= 目前 y 座標 - 移動 Y

- 向左貓 X 座標減少
  貓 X= 目前 x 座標 - 移動 X

- 向右貓 X 座標增加
  貓 X= 目前 x 座標 + 移動 X

運算組合的結果如下圖所示，看起來有點難，認真想想其實就不難。

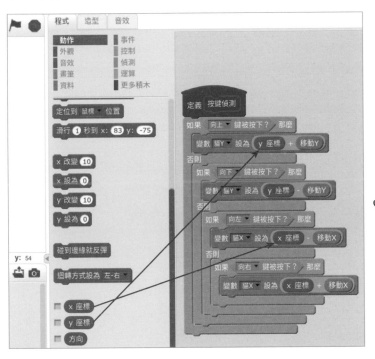

提示

也可以用「x 改變」、「y 改變」這二個積木來完成工作。

有了新的座標就可以很簡單的移動貓的位置了。

 貓移動位置

這個函示積木簡單到不行，就僅只是將貓定位到新的座標而已。

 提示
如果採用「x 改變」、「y 改變」這二個積木，就不用這個函示來定位了！

主程式

重新檢視主程式如右圖，看起來完美極了，現在高興的按下開始綠旗，結果⋯

為什麼不會動？按上下左右不理我？

判斷有錯？程式有錯？少了什麼程式碼？

別急別急，從電腦的執行順序往下檢查！

❶ 初始值設定⋯完成

❷ 角色定位⋯完成

❸ 按鍵偵測⋯完成

❹ 貓移動位置⋯完成

❺ 撿到球嗎⋯空函數，直接往下執行

❻ 停止

原來，依程式流程是沒錯，整個程式很快就執行完畢，現在的問題是，沒有一直重複去進行按鍵偵測，電腦做一次就結束了，所以，現在需要一個判斷迴圈，沒有撿到球之前要一直重複執行，直到撿到球為止。

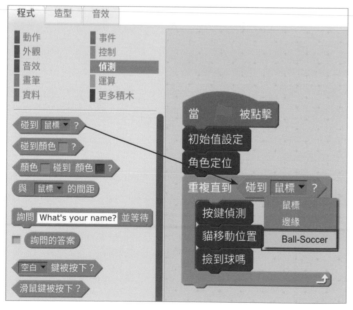

 重複直到條件式

把主程式略為修改，加入「重複直到」條件式，這個條件就是「碰到球」，如左圖所示。

先把「碰到鼠標」拖曳到判斷條件裡，再下拉選擇「Ball-Soccer」，這是球的名字，所有的角色都有一個可以識別的名字，在左邊角色區裡就可以看到。

 **每個角色都有名字**

如右圖所示，每個角色都有預設的名字。

如果要改名也行，點選角色左上角藍底白字的「i」就可以
打開角色的訊息視窗，就可以改名字了！細節操作就自行
測試了。

 提示

角色按右鍵的功能表中，Info 也可以打開同樣的視窗。

加入條件重複迴圈之後，果然可以利用上下左右鍵來移動貓的位置，一直到碰到
球為止，那之前「撿到球嗎」的函示就用不到了，可以把它刪掉，並且讓貓撿到
球時說一句話，再結束程式。修改後的全部完整程式碼如下圖！

 **小貓撿球完整程式碼**

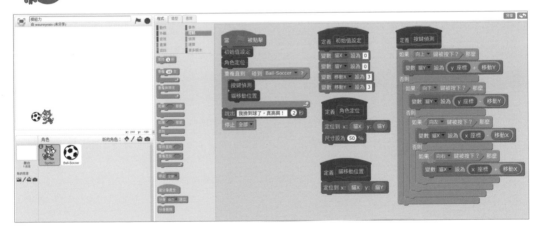

8.4 結語

經過本章的學習，應該可以了解配合自定義函示積木，可以讓程式開發由上而下，先整體再細節的開發方式，同時透過自定義函示積木，大大減化了一再重複的程式碼，程式撰寫更有效能，同時主程式明白閱讀及更容易掌握程式關鍵。

多多善用函示積木，養成整體思考的模式，是邁向程式大師的不二法門。

09

馬路如虎口

學後成果：經過一段時間學習，相信你已經有能力開發小型的應用程式。本單元將結合許多技巧來開發一個小型的程式遊戲。遊戲的主題是一位小朋友透過鍵盤的上下左右鍵移動，要快速通過四線道馬路，不可以被車撞到，撞到就結束遊戲。

學完本章之後，可以學會：

◯ 由上而下解構、由下而上組合的開發思考模式

◯ 能夠設計左右不停移動的車子

◯ 能夠利用上下左右鍵控制角色移動

◯ 能夠偵測碰撞發生，產生對應反映

9.1 簡易開發思考模式：由上而下

一個大型的開發專案，必須經過嚴謹的系統分析，系統分析是一門相當專業的學問，它是在**撰寫應用程式前**，就整個系統的運作進行分析，試想看看一間工廠的生產系統，從原料的裝填開始、各式加工過程、產品包裝、裝箱等等，要拿到一樣完整產品，要經過多少的關卡，這些工作必須有許許多多不同的應用程式來完成，而系統分析師就是要在撰寫這些應用程式前，規劃整個系統的運作，因此，若未來能成為高級的系統分析師，那可是非常專業的人才。

但是對於一般的小型應用程式，比如本單元要實作完成的馬路如虎口的遊戲，不必要做那麼繁雜的分析工作，但仍然有些基本的思考模式，可以讓後續的程式撰寫工作變得比較清楚及容易。**程式規劃是指程式的設計、撰寫與測試**，這三項工作其實是一直輪動著的，比如測試時發現問題重重，亦有可能整個程式重新撰寫甚至是重新設計。

一般來說，在面對一個開發案前，先由上而下的思考，了解整個程式可能的運作，例如開發本單元遊戲的開發結構圖。這種結構圖有個專有名稱：功能分解圖（FDD, functional decompostion diagram），可以很清楚的知道要做些什麼功能。

 FDD 結構圖

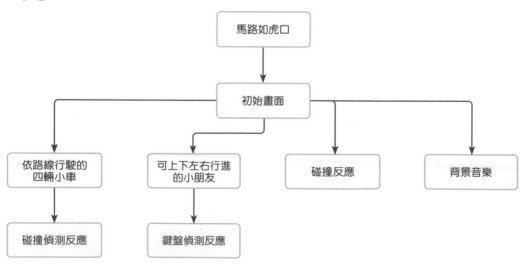

上頁圖是整個遊戲預備撰寫的程式功能，畫這種結構圖的用意是讓接下來的程式開發時，有個明確的方向，事實上對於許多實際的開發來說，這種結構圖也可能隨著程式的開發一再的修訂，所以它不是畫完就永遠不能更動的結構圖。

9.2 程式模組撰寫：由下而上

當有了這個功能結構圖後，要如何實際做出真正可以用的產品呢！這時就要像蓋房子一樣，由地基開始做起，也就是由下而上的撰寫模式，把底層的程式功能 一一實作出來，最後再整個包裝起來，進行程式測試工作。

> **提示**
> 接下來程式會隨著不同的模組一直不停的修正，這是考驗前八個單元的基本功力，大家準備好了嗎！

9.2.1 碰撞偵測反應

先設計車子從左往右開，撞到行人時說：O! NO!

測試舞台畫面

在舞台上新增一輛車子，並且如左圖，拖曳到角色的左邊。

> **提示**
> 要適當的縮小車子，方便測試。

 車子的程式

車子的積木程式如下圖（再次提示，是不是有選擇到 Car-Bug 車子角色，這很重要，每個角色都有自己的程式區）。

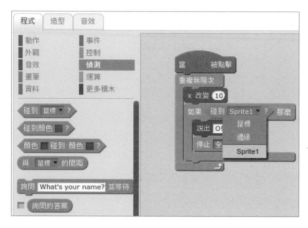

❶ 利用「重複無限次」迴圈讓車子不停的移動。

❷ x 座標每次改變 10，這是車子的移動速度。

❸ 從偵測積木中拖曳「碰到」積木，這是偵測碰撞很重要的積木，別忘記下拉選擇碰撞的對象，在這裡是指 Sprite1（貓的名稱）。

❹ 如果撞到了就說 O! NO!，然後 stop all 停止全部，結束程式。

 碰撞時的情境

右圖為碰撞時的情境！

想想看：

❶ 如果把「x 改變 10」中的數值 10 改為 3 或是 30，執行看看有什麼效果！

❷ 如果改變為 -10，車子會怎麼行進呢！

9.2.2 碰撞偵測反應

當小貓被撞後，希望可以看到貓的動畫特效，然後切換背景到另一個地方，並且說出：我要走斑馬線再也不亂闖馬路了！

在修改程式前，想想看，要在角色間傳遞訊息要怎麼做呢？想到了嗎！

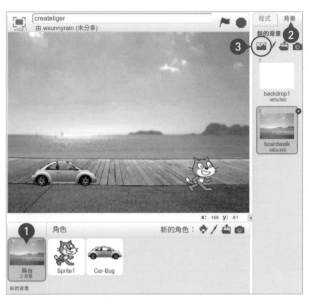

增加舞台背景

增加舞台背景，做為背景切換卡題：

❶ 點選舞台

❷ 點選右上方新背景，從圖庫中取
得 boardwalk 背景

接下來異動 Car-Bug 程式積木，增加三個積木：

❶ 廣播一個逃生的訊息

❷ 把角色隱藏起來，否則背景切換後角色會依然出現在新背景
上，可以試試如果不隱藏會有什麼效果。

❸ 停止這個程式，先前是停止全部，表示全部停止，但是別
的角色還有事情要做，所以下拉選擇「這個程式」，很重要
喔，沒改的話，整個程式就停了！

Sprite1 小貓的逃生程式積木

把角色切換到 Sprite1 小貓身上，再次提示，每個角色有每個角色的程式區，切記！

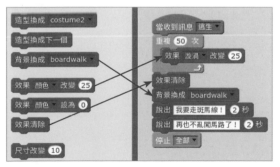

左圖是小貓的程式積木：

❶ 做五十次的動畫特效（特效效果有很
多種，都可以試試看）

❷ 做完後效果清除

❸ 把舞台背景切換到剛才新增的背景

❹ 說話

❺ 這次可以全部結束程式了

 **手動讓車子再次出現**

程式執行一次後,由於程式裡將車子隱藏起來,所以程式結束後,車子就不見了!

如果要再測試一次,車子就必須要出現在舞台上,要怎麼做呢?

① 點選角色 Car-Bug

② 點選外觀

③ 直接點選「顯示」這個積木

原來,直接點選積木,就可以直接執行該積木的功能,例如點選「顯示」就出現角色,點選「隱藏」就消失,所以,在還沒有把積木拉到程式腳本區時,可以先試試效果。

9.2.3 川流不息的車子

結束上節的例子,事情還沒結束!馬路上的車子是川流不息,而且速度是不固定的!要做到這一點,才比較像實際馬路上的情形。

在設計程式前,想想看,車子是直線前進的,不管是由左往右,或是由右往左,要改變的是不是 X 座標呢?那用亂數改變 X 座標,是不是可以達到不固定速度的樣子呢?車子到最右(或左)邊時,是不是又要有一輛車子從左(或右)邊出現呢?

程式好像有點複雜了,這時可以使用簡易的流程圖來讓想法更清楚明白。

川流不息的車子流程圖

定義一個區域變數 speed，取亂數值 2 ～ 8，這個要用來當做車子的速度，適當即可，速度太快，馬上就被撞到了。

一樣是 forever 無窮迴圈，這次多增加了判斷座標 x 是不是到最右邊了？是的話就把 x 設定為最左邊！

為什麼是 240？還記得整個舞台的座標嗎！

為了讓效果看起來更美觀，讓車子的造型改變一下，就好像不同的車子在跑。

最後的碰撞偵測，就是上一節完成的程式區塊。

這就是由下而上開發的精神所在，碰撞偵測已經測試完成，就可以把它當做一個模塊來使用，不用再花時間去處理它。

> **提示**
>
> 車子從左到右開、從右到左開，方向不同，改變 X 座標和 X 座標判斷也要不同喔！

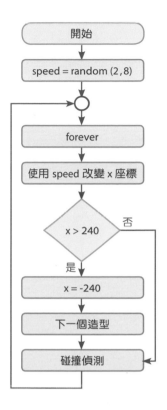

 新增車子造型

先點選 Car-Bug 然後從圖庫中新增一輛車子的造型，是新增造型不是新增角色，不要搞混了！

 建立一個角色變數

如左圖，建立 speed 變數時請使用角色區域變數（僅適用當前角色），因為最終會有四輛車在馬路上跑，每輛車有每輛車的速度。

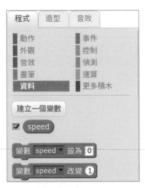 變數結果圖

左圖為設定完變數後的結果畫面。

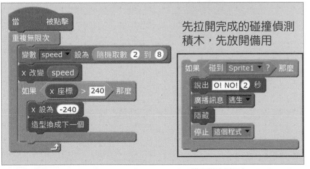

先拉開完成的碰撞偵測積木，先放開備用

川流不息的車子程式積木

先把之前完成的偵測碰撞積木整個拉開，放在旁邊備用，等車子移動做完後，再組合起來。

川流不息的車子程式碼就如上面的流程圖一樣，請比對左圖程式積木，再想想看。

做完後，測試一下，車子是不是會從左邊跑到右邊，然後換下一個造型，再從左邊跑到右邊，如此循環不止。

這時不管車子有沒有撞到小貓都不會停止，因為已經把偵測碰撞的積木塊先拿開了！

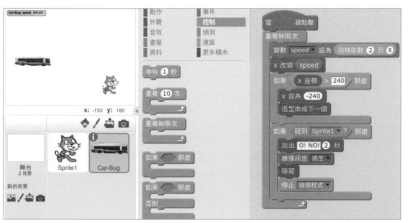

車子前沒有
小貓

把偵測積木拉過去
組合在一起。

先測試車子前沒有
小貓的情形，車子
不停的跑並且會換
造型。

提示

如果把 speed 亂數取值放到迴圈外，執行時車子就會「定速」前進，現在把它放在迴圈內，所以每次移動都會是不同的 speed，車子會有忽快忽慢的效果。

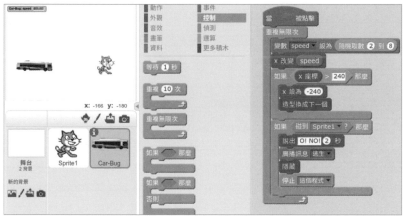

車子前有
小貓

車子前有小貓，撞
到後會執行上一節
廣播訊息的程式。

9.2.4 四輛車子

馬路是四線道，所以要有四輛車子，每輛車子要有二種造型，請利用學習過的技巧，再另外新增三輛車角色，每輛車記得要再新增第二種造型（多幾種造型也可以）。

另外新增三輛車角色

如左圖，新增了三個車輛角色，所以一共有四輛車子了。

為操作方便，把小貓「隱藏」起來。（會操作嗎？）

再次提醒，每輛車要記得新增角色的造型，這樣才可以產生不同車子的效果。

左邊的車子往右邊開，右邊的車子往左邊開，等等！車頭的方向不對啊！

角色訊息

以藍色車子為例，先點選如左圖角色左上角的 i 按鈕，啟動角色的 info 訊息框。

提示

也可以在角色上按滑鼠右鍵，使用右鍵功能表的 info。

角色訊息框

左圖為角色的訊息框。

Convertible1 是這個角色的名稱，若有需要可以自行更改。有些積木要選擇不同角色時，就會用到這個名字。

❶ 旋轉模式請按一下左右

❷ 按向左鍵返回

提示

不要手動也可以利用「動作」積木區裡的迴轉方式設定。

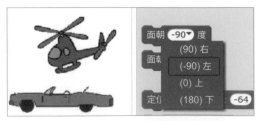

角色面向何方？

修改為左右旋轉後，在運動積木區裡利用面朝向何方的積木修改方向為向左方。

從左圖可以發現，車頭轉向左方了。

替每個角色定義區域變數

首先幫每個車輛角色建立一個「僅適用該角色」的區域變數 speed。

程式碼複製

由於車子的程式碼幾乎一樣，所以可以用複製的方式。

① 先點選複製來源，這裡用的是 Car-Bug 角色的程式積木

② 拖曳最上面的積木（這樣才可以把所有積木一起帶起來）到目的角色，這裡是指馬角色。

複製完畢可以執行看看。

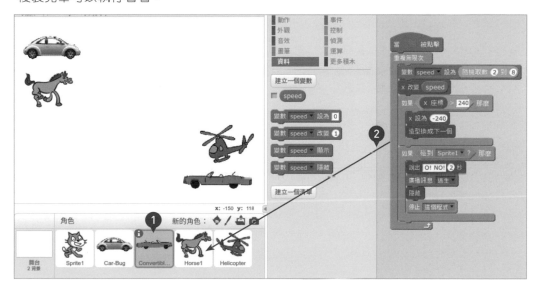

 修改由右向左的車子程式積木

如同上個操作，先複製程式積木後再來修改。

① 點選 Convertible1 藍色車

② 設定迴轉方向並且面向左

③ speed 取亂數值 -2 ～ -8（向左所以 x 是一直減少的，**口訣：左負右正**）

④ 到達最左邊 -240 嗎？

⑤ 如果到最左邊，改到最右邊 240

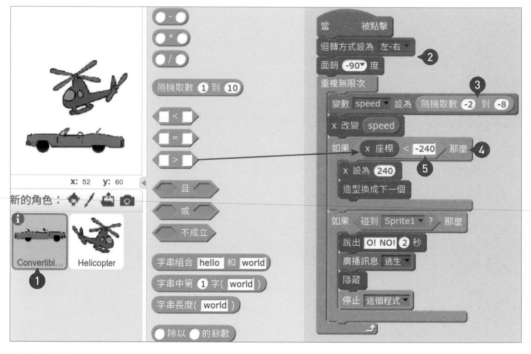

 第 4 點的條件判斷，要抽換成 x 座標 < -240，因為是一直減少。

四輛車執行結果

下圖為四輛車同時在路上跑的結果。

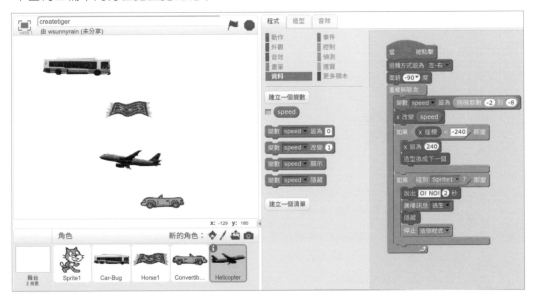

提示

① 如果要改變車子的速度，可以調整 speed 亂數區間。

② 如果把「隨機取數」這塊積木，拖到「重複無限次」積木之上，也會有不同的效果喔。這就變成定速車了！

9.2.5 隨鍵盤上下左右移動的主角

如果前面幾小節都能夠了解，知道角色在舞台上行動，都是靠著改變（x, y）的值，那現在只要依據鍵盤的上下左右分別對（x, y）進行運算就可以達到目的了。

假設主角一次移動的距離 step = 5

向上 y + step　（真正的程式寫法 y = y + step）

向下 y - step　（真正的程式寫法 y = y - step）

向左 x - step　（真正的程式寫法 x = x - step）

向右 x + step　（真正的程式寫法 x = x + step）

手動 hide 四輛車子

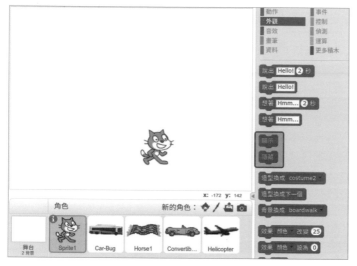

為了方便撰寫主角移動的程式，請手動把四輛車子先隱藏起來，否則測試時，一不小心被車子碰到就結束，增加測試的困擾。

提示

先點選要隱藏的角色，然後手動點選隱藏積木，要顯示就點顯示積木。

主角隨上下左右鍵移動程式

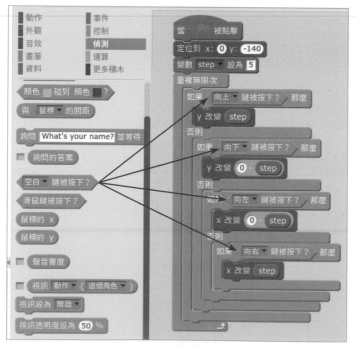

程式一開始就將主角移到底下，設定 step 一次移動 5 點。

底下的判斷式分別對應上、下、左、右四個按鍵，雖然看起來有很多層的 if .... else 如果…否則，其實不用想太多，可以這樣想：

- 先問：是不是向上？

- 不是的話，再問：是不是向下？

- 不是的話，再問：是不是向左？

- 不是的話，再問：是不是向右？

- 都不是上下左右鍵，就什麼事都不做！

由於 change y by ... 以及 change x by ... 這二個積木並沒有「減」的用法，所以，利用「0 -step」減法積木來做為減的用法！

做完了，測試一下，主角是不是可以在舞台上隨著上下左右鍵移動。

 按鈕事件

如果不想要使用上例，用太多的 if ... else 來處理按鍵，一下子無法吸收這麼複雜的條件判斷，也可以如左圖使用按鈕事件來處理，只是這種寫法較沒有結構性。

最後，主角走到舞台最上方，要離開馬路了，應該是結束程式的時候了，學到現在，是否可以自行增加一個判斷呢？

主角逃到上方離開判斷

當主角跑到舞台上方 y > 160 的位置，就把主角移回（0, -80）的地方，並且廣播逃生訊息。

還記得逃生訊息嗎？

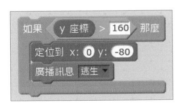

主角移動完整程式

右圖為主角移動的完整程式，請重新檢視並且思考一下。

9.2.6 初始畫面和背景音樂

是時候把全部包在一起了！

 四線道的背景

如下圖，把原來的空白背景，利用線條和填滿顏色這二個功能，畫出中間有綠色分隔的四線道背景圖。

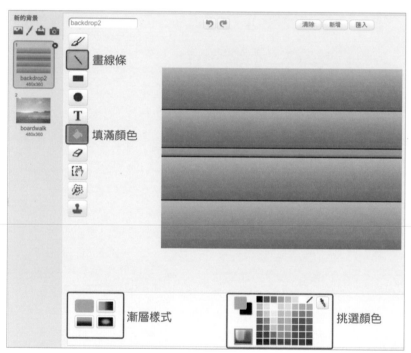

畫線條時，同時按住 Shift 鍵，可以畫出直線。

 舞台區的腳本

如下頁圖，點選舞台區，它也有自己的程式腳本區，一開始改變為四線道背景，然後一直播放背景音樂。

如果有需要可以點選「音效分頁」從背景音樂庫裡挑選不同的背景音樂。

9.3 閃亮登場：執行與測試

程式完成後，就是一連串的執行，測試看看是不是全部如預期，比如：

1. 車子的大小，太大會很容易撞到主角，太小又沒有挑戰性！

2. 車子的速度快慢也會影響遊戲的樂趣。

3. 主角按一下鍵盤移動的距離，太大一下子就移到上方，馬上過關，這樣就不好玩。

以上林林總總，都是要考量測試的。

這個程式其實還有小小的缺失，第一次執行沒問題，但是再次測試，有些車子不見了（因為之前的碰撞被隱藏起來了），當換背景後，沒有碰撞的車子繼續在舞台上亂跑！

這部份就交給你去除錯了。

提示
① 可以在程式一開始時,讓每輛車子通通「顯示」起來。
② 可以利用「逃生」訊息,將車子「隱藏」起來。

9.4 結語

每個人在撰寫應用程式時,都會有不同的想法、作法,可以稱為程式師的個人風格,因此,程式設計就是一門獨特的專精藝術,優良的程式設計師必須不停的撰寫、不停的嘗試,才能走出自己的一片天空。

10

用動畫說故事

學後成果：本單元首先介紹一般故事劇情編寫時常用的三幕二轉折的撰寫結構，並且使用 SMART 創意故事編寫法，製作故事的內容與劇情，讓編寫故事也可以有一定的法則可以依循。

閱讀完本章，你可以學會：

- ⊘ 了解及使用三幕二轉折的劇情編寫結構
- ⊘ 能善用 SMART 從現有故事延伸創作出更動人的故事
- ⊘ 可以與他人分享故事

10.1 三幕二轉折

任何故事劇情的發展，有時並不是任意的進行，而是有某些規律存在，一般常用三幕二轉折的故事劇情發展模式來編寫劇情。所謂三幕二轉折很容易記住，只要把三隻食指中指無名指，三隻手指舉起來，手指就是三幕，而二轉折就是手指和手指間。

以一個很簡單「知足」的故事為例，如下表：

幕次	主要內容	故事舉例
第一幕	主要是用在開場，介紹主角或是故事的起頭等。	王小明是一個富家子弟，不愛讀書經常和人打架，是個讓人頭痛的人物。
一轉折	通常是主角發生重大的事故，改變原來發展的故事。	有一天，小明接到訊息，父母的飛機出事雙雙去世。
第二幕	主角在變故後有了重大改變。	自從父母去世，小明深受打擊，終日以酒度日。
二轉折	在二幕之後又發生了更多的變故，讓主角有了更多的歷練。	因為不善經營加上公司裡的壞人將資金全部帶走，小明差一點自殺，結果遇到了真愛。
第三幕	完美（或傷心）的結局。	在愛情的鼓勵下，小明重新站了起來，才發覺原來幸福就在知足裡。

仔細的想想並且互相討論，在看過的電視電影中，是不是可以發現三幕二轉折的影子呢？利用學習單把它寫下來然後和朋友分享。

10.2 SMART 創意故事法

有了撰寫故事的架構，那故事的內容要如何下手呢？有時候，要想出一個前無古人後無來者的驚世故事是非常不容易的事情，就算是一般的小故事，往往也找不到出發點，這時不妨試試 SMART 創意故事法，先發想出可能的故事再來修改，會比腦袋空空從無到有來得更有效能。

什麼是 SMART 創意故事法呢，觀察下表並對照簡要內容比較容易了解。

關鍵字	說明	舉例
Slice	把現有故事依照人、地、時、事、物切割	把下列故事分別切割： 白雪公主、青蛙王子、小紅帽等
Mess	將數個故事打散混合	依人地時事物打散混合，就會出現如：白雪公主到池塘邊想著王子，從森林跑出來一隻化妝成女巫的大惡狼。
Assembled	將故事重組	將上面混合的小故事重新組合成一個較完整的故事摘要。
Reconstruct	修改故事讓它完整	從頭到尾重新用三幕二折的劇情編寫法，撰寫一個全新的故事
Theater	故事發表	利用動畫或是話劇表演，展示創意成果。

有了這個觀念和基礎之後，依照 SMART 創意故事法的做法，先找出三個故事，每個故事寫出三個小事件，再重新組合修改，完成一個新的故事後發表。

10.3 來自地底的訊息動畫創作規劃

製作 Scratch 除了基本的動畫技術之外，它真正的靈魂是在於故事劇情，一個動人的好故事，比之美麗的動畫更加令人印象深刻。回想一下在記憶裡那些讓人感動的電視劇或是電影，記住的是華麗的特效還是主角驚心動魄耐人尋味的故事情節呢！

經過第一節和第二節的整理，有了主角和三幕二折的故事腳本之後，不用急著馬上打開 Scratch 製作動畫，還差一步就可以動手作了，這一步就是利用「動畫程序表」將腳本規劃為 Scratch 的程序基礎，這樣做的目的，除了可很快速的針對各個角色製作動畫積木之外，在故事的增刪修改上，也可以透過程序表找出相對應的程序來修改。

以來自地底的訊息故事，舉例幕一和轉折一做出的動畫程序表：

 動畫程序表：幕一

幕次	舞台	角色	接收	廣播	動畫
開始		所有角色	開始	幕一	所有角色置放舞台左或右並且隱藏不顯示
幕一	森林	白雪公主	幕一	A1	1. 顯示白雪公主並從左舞台走到中間 2. 說：今天天氣真好，女巫叫我拿毒蘋果給森林裡的壞心外婆
		大野狼	A1	A2	1. 顯示大野狼並從右舞台走到中間 2. 說：白雪公主妳要去哪裡啊
		白雪公主	A2	A3	1. 說：是大野狼，我要到森林裡，你要陪我去保護我嗎？
		大野狼	A3	折一	1. 說：好啊，反正目前沒事到處亂走

 動畫程序表：轉折一

幕次	舞台	角色	接收	廣播	動畫
折一	城堡	白雪公主 大野狼	折一	B1	1. 白雪公主和大野狼出現在舞台左邊
		青蛙	B1	B2	1. 青蛙從舞台右邊顯示，走到舞台中間 2. 說：二位到我的城堡有事嗎？ 3. 說：我昨天收到來自地底的訊息，今天有二位壞心傢伙要來殺我，是不是你們？
		白雪公主	B2	B3	1. 說：不是我，我是好心的白雪公主
		青蛙	B3	B4	1. 說：好心，我知道你的手上有毒蘋果
		白雪公主	B4	B5	1. 說：這 ... 這 ... 這
		大野狼	B5	B6	1. 說：說這麼多廢話，我好餓，我要吃了你
		青蛙	B6	幕二	1. 說：別吃我別吃我 2. 展示青蛙變身特效 3. 變成王子 4. 說：謝謝大野狼的親吻，我變回王子了

為了簡化程式，所以只提供了幕一和轉折一，其他部份就留給大家做進一步練習了。

 程式實作

透過動畫程序表，可以把每個角色要廣播和接收的訊息清楚表列，這樣可以大大節省 Scratch 的操作，而且可以更快速的完成基礎動畫！

對於比較複雜的動畫劇情，可以把程序表依照角色重新整理，例如下表：

 角色排序動畫程序表：幕一

幕次	舞台	角色	接收	廣播	動畫
開始		所有角色	開始	幕一	所有角色置放舞台左或右並且隱藏不顯示
幕一	森林	白雪公主	幕一	A1	1. 顯示白雪公主並從左舞台走到中間 3. 說：今天天氣真好，女巫叫我拿毒蘋果給森林裡的壞心外婆
		白雪公主	A2	A3	1. 說：是大野狼，我要到森林裡，你要陪我去保護我嗎？
		大野狼	A1	A2	1. 顯示大野狼並從右舞台走到中間 2. 說：白雪公主妳要去哪裡啊
		大野狼	A3	折一	1. 說：好啊，反正目前沒事到處亂走

當然，以上表為例的話，由於只有二個角色，似乎不太能感覺到它的好處，試想如果有五個角色，透過上表，在撰寫積木程式時，可以依據角色來處理它的接收、廣播訊息以及要進行的對話與動畫，就會變得相當方便。因為不需要一直在角色間切換，也不容易搞亂流程。

接下來試著把它轉為程式積木。

新增舞台背景

先將需要的舞台背景,從背景範例圖庫中新增進來,如下圖,新增二個舞台背景:castle3 以及 castle5。

提示
若有其他背景,也請一併新增進來。

新增角色

從角色範例庫中加入需要的舞台角色,如左圖所示,共有三個角色:公主、大野狼和青蛙。

他們的位置可以先隨意放置,為了讓程式能夠有一致性與變動性,通常會使用變數定位讓他們走到定位點去。

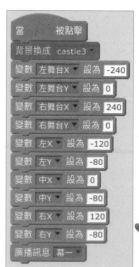

設定定位變數

點選舞台背景,將左邊的變數啟始值設好完成。

* 變數設定:左舞台座標、右舞台座標,這二個座標是用來把角色移到最左邊或是最右邊準備出場用,就像傳統話劇,角色是在邊邊等著出場。

* 變數設定:左、中、右三個座標,做為角色定位之用,可以透過這三個變數讓角色移動到定位點,對於更複雜的劇情和多角色,也可以像九宮格一樣,做九個定位點,方便角色移動和確定對話位置。

提示
這些變數都設定為「適用所有角色」的全域變數。

透過角色動畫排序表，可以一次性地把白雪公主的相關動畫與對話積木完成。

撰寫白雪公主程式積木

白雪公主幕一程式積木

當收到訊息 幕一
隱藏
定位到 x: 左舞台X y: 左舞台Y
顯示
滑行 3 秒到 x: 中X y: 中Y
說出 今天天氣真好，女巫叫我拿毒蘋果給森林裡的壞心外婆 2 秒
廣播訊息 A1

當收到訊息 A2
說出 是大野狼，我要到森林裡，你要陪我去保護我嗎？ 2 秒
廣播訊息 A3

撰寫大野狼程式積木

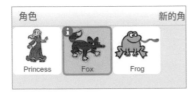

大野狼幕一程式積木

當收到訊息 幕一
隱藏
迴轉方式設為 左-右
面朝 -90 度
定位到 x: 右舞台X y: 右舞台Y

當收到訊息 A1
顯示
滑行 3 秒到 x: 右X y: 右Y
說出 白雪公主妳要去哪裡啊 2 秒
廣播訊息 A2

當收到訊息 A3
說出 好啊，反正目前沒事到處亂走 2 秒
廣播訊息 折一

白雪公主轉折 程式積木

撰寫大野狼程式積木

當收到訊息 折一
背景換成 castle5
定位到 x: 中X y: 中Y

當收到訊息 B4
說出 這…這…這 2 秒
廣播訊息 B5

當收到訊息 B2
說出 不是我，我是好心的白雪公主 2 秒
廣播訊息 B3

透過動畫程序表，可以像導演一樣，安排各個角色出場的次序和對話，在編寫程式積木時就會變得非常方便且不易出錯。

10.5 結語

經過本章的學習，應該可以學會三幕二轉折的基本故事劇情編寫的架構；再透過 SMART 創意故事法，從現有的故事中創出新的故事，做為故事的底稿主軸，再重新修改成為自己特有的創意故事，最後再用動畫程序表把故事利用程式積木編寫出來，就成為一份完整的動畫劇情故事了！

本單元並沒有完全將故事完成，剩下的部份就留給大家繼續完成。或是讀取範例檔案觀看。

M · E · M · O

11

打地鼠遊戲

學後成果：完成前一單元的用動畫說故事後，對於使用 Scratch 來設計遊戲，應該具有一定的基本實力了。本單元繼續設計一個很常見的打地鼠遊戲。

學完本章之後，可以學會：

- ⊘ 可隨機出現或隱藏角色
- ⊘ 可隨滑鼠移動及動態更動的角色
- ⊘ 角色碰撞與滑鼠按鈕偵測
- ⊘ 倒數計時與分數計算

11.1 遊戲流程構想

無論如何,在開發任何應用程式或是遊戲前,都應該先用簡單的流程圖畫出自己的構想,如先前的單元所提,這個流程圖並不是一成不變的,它是用來讓思考更加有序,當然也可能會隨著程式的發展而有所改變。

打地鼠流程示意圖

右圖為打地鼠的流程示意圖。

一開始利用舞台的腳本程式區,處理整個遊戲的整體變數(適用所有角色)和倒數計時處理。

接下來就單純了,隨機出現地鼠,判斷有沒有打到它,有就加一分,一直進行到時間結束,結束整個程式。

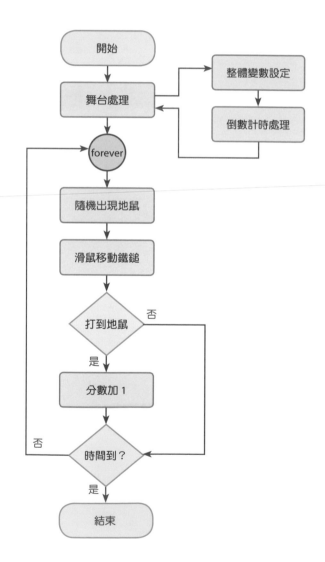

11.2 舞台處理

利用舞台腳本程式區處理分數及倒數計時。

有五個洞的背景

先從背景圖庫中取得背景圖，然後自行畫出五個橢圓的黑洞，做為地鼠出現的位置。

新增一個遊戲結束的背景畫面

再新增一個簡單的 Game Over 的遊戲結束背景。

覺得很空白單調？發揮創意畫出自己心目中的結束畫面吧！

設定變數及程式處理

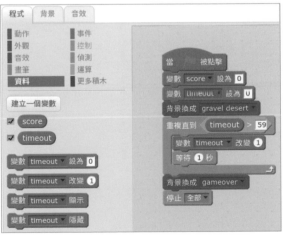

在舞台腳本程式區裡：

設定二個整體變數 score（分數）及 timeout（計時），如果不想用英文也可以用中文變數名稱，但是為了將來學習其他正式文字型的程式語言（如 Python），建議先熟悉英文變數名稱！

先把背景切換到主場景 qravel desert。

進入倒數計時迴圈，直到 timeout > 59 才離開迴圈。

離開迴圈後把背景切換到 gameover，結束整個程式。

 播放背景音樂

在舞台腳本程式區裡：
遊戲增加背景音樂會增加樂趣，因此讓程式在執行時，也可以播放背景音樂。

檢視程式積木，然後試試看，當一分鐘後，程式會不會結束！

11.3 隨機出現的地鼠

要讓角色能隨機出現與消失，關鍵就是利用亂數，讓它等待幾秒出現或消失。

 新增地鼠角色

自行新增地鼠角色。

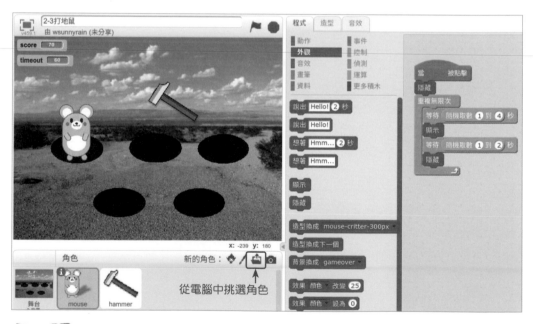

 提示

① 此地鼠角色非角色圖庫中的現成圖片，可自行從圖庫中取得任何一個角色來取代。

② 若有需要可從開源圖庫中尋找、下載後，然後再利用「從電腦中挑選角色」把它上傳到 Scratch 中使用，開源圖庫網址如下：https://openclipart.org/。

隨機出現的地鼠

在「重複無限次」無窮迴圈內，等待隨機數秒「顯示」，再等待隨機數秒「隱藏」。

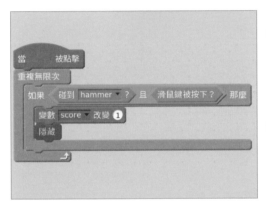

被鐵鎚打到的反應

在無窮迴圈裡判斷是否被碰到鐵鎚打到而且滑鼠是按下的，如果是就表示被打到，分數 score + 1。

提示

可以試著把「滑鼠鍵被按下」的判斷拿掉，這時不管滑鼠有沒有按，只要碰到鐵鎚就可以，這種設計比較沒有按滑鼠的刺激感。

11.4 鐵鎚的動作

鐵鎚可以跟隨滑鼠移動，當按下滑鼠左鍵會出現敲下的動作。

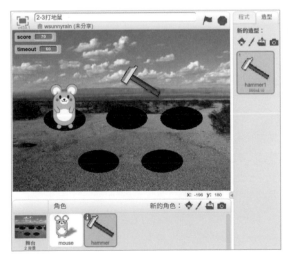

新增 hammer 鐵鎚角色

左圖鐵鎚圖形是從開源圖庫 OpenClipart 取得，也可以直接在角色圖庫中取得類似棒子的角色。

拿車子、飛機來打地鼠也有不錯的效果喔！

複製新造型

用滑鼠右鍵按下鐵鎚造型，在右鍵功能表選擇「複製」就可以複製一個一模一樣的新造型。

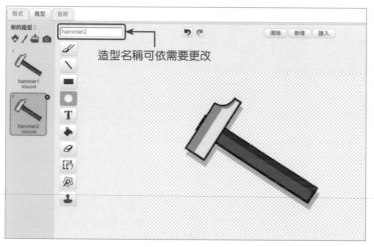

造型名稱可依需要更改

可依需要更改新造型名稱

如左圖框選處，可自行依需要設定新造型的名稱，但要注意不可以有相同的重複名稱。

圖中第一個為 hammer1，第二個為 hammer2。

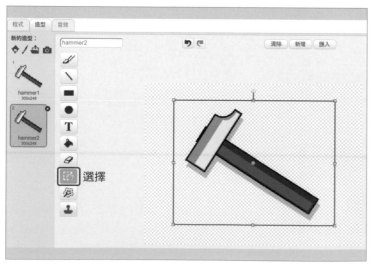

選擇

使用選擇工具框選

如左圖所示，使用「選取」工具把鐵鎚整個框選起來。

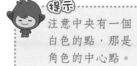

提示
注意中央有一個白色的點，那是角色的中心點。

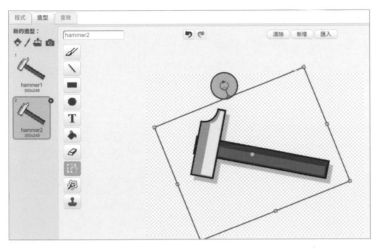

拖曳改變角度

拖曳框選區上方的圓圈圈,可以旋轉改變造型的角度。

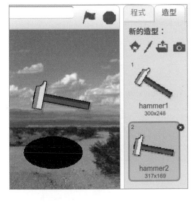

改變角度後的新造型

經過處理,就有了二種不同角度的鐵鎚造型,第二種造型可以用來當做滑鼠點擊時,敲下去的造型。

鐵鎚的程式積木

鐵鎚的程式積木如左圖所示。

在「重複無限次」無窮迴圈內,讓它一直跟「定位到鼠標位置」,也就是會一直跟著滑鼠移動。

如果按下滑鼠就改變造型,這樣就達到敲下的動作。

完成程式後,可以執行看看,雖然目前僅有一隻地鼠,但整個程式是正常的,移動滑鼠並且按下滑鼠鍵,檢視是否可以打到地鼠,分數會不會加1,倒數計時正不正常。

11.5 完成程式

執行結果無誤的話，就可以利用角色複製的方式，完成整個程式！

複製角色

點選地鼠後，按下滑鼠右鍵，選擇「複製」功能，這時就會複製一個一模一樣的新角色。

特別注意，角色複製也會把程式一起複製，所以是很方便的功能。

完成程式畫面

左圖為複製後的結果，複製後的新角色會在名稱後增加一個流水編號做為識別。

如左圖 mouse 2、mouse 3、mouse 4、mouse 5

別忘了要把每一隻老鼠放到洞洞上頭，讓它可以出現在正確的位置上。

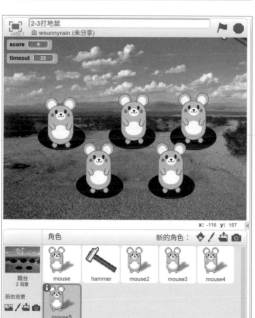

11.6 結語

經過本單元的學習，學會了倒數計時、分數處理、隨機出現角色及角色與滑鼠的互動等等基礎，這些都是未來要更深入更複雜遊戲的基本技能，現在再一次好好閱讀整個程式，讓學習能夠更加精熟。

12

用音樂說故事

學後成果：在欣賞動畫或是進行遊戲時，一首好的背景音樂，往往能達到畫龍點睛的功效，使動畫讓人更感動，讓遊戲更有趣。試著想像一下，當主角很快樂的在跳舞時，同時有快樂的背景音樂播放著比較好，還是一點聲音都沒有，只看著主角在跳舞比較好呢！

在先前的許多學習中，已經學會了播放內建的背景音樂，本單元嘗試利用 Scratch 自己實作背景音樂，學完本單元之後，可以學會：

- ⊘ 知道音階的播放
- ⊘ 能夠運用自訂積木組合音樂

 **自製簡單電子琴**

要做出簡易的電子琴其實是相當容易的事,請跟著步驟來吧!

畫一個白鍵

如下圖所示,新增一個角色並且畫出白鍵的造型:

① 用畫框功能在中央畫一個長方形(細心看一下,繪圖區中央有一個小十字,是這個造型的中心,當造型放在舞台上時,就是以這個中心做為角色的座標(x, y)值,右上方有個十字按鈕,若有需要可以調整中心位置)。

② 用填色填滿白色。

③ 在白色框內輸入一個 C。

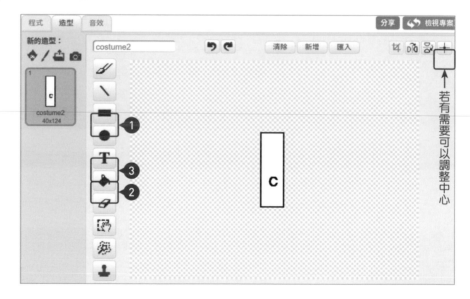

複製角色

點選角色後按右鍵,在右鍵功能表上選擇「複製」功能,就可以複製另一個相同的角色,很實用的功能。

另一個功能「刪除」是代表刪除這個角色。

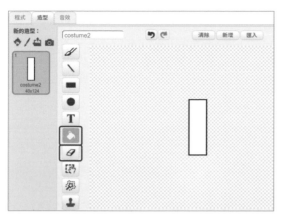

清除文字 C

點選新複製的角色，利用橡皮擦把文字 C 擦掉後，再用填色工具把剛才擦掉的位置重新填上白色。

整體變數「音色」

Scratch 預設的是鋼琴的聲音，但它也提供了多達 21 種不同的音色，如小提琴、長笛…等等，現在請建立一個「適用於所有角色」的整體變數「音色」。

改用滑動型變數

於出現在舞台上的變數點選按右鍵，利用右鍵功能表選擇「滑桿」，將它改為使用滑桿形式的變數。

設定滑桿最小和最大值

滑桿型變數可以讓使用者在一個區間內拖曳滑桿得到對應的數，所以利用右鍵功能，選擇「設定滑桿最小和最大值」，設定最小和最大值。

設定區間 1 ～ 21

因為有 21 種音色，所以設定區間為 1~21。

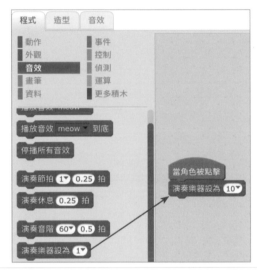

拖曳設定音色積木

拖曳「演奏樂器設為 X」到積木程式區，如左圖所示。

設定音色值

再把整體變數「音色」拖曳到「演奏樂器」的設定值裡，把它做為音色設定值。

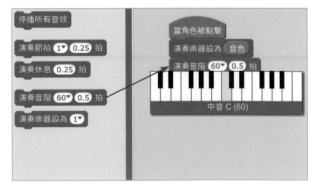

按鍵發出音樂聲

現在讓角色 C 按下去後發出音階 C。

首先從事件積木區裡，把「當角色被點擊」事件先拖曳到腳本區中。

拖曳聲音積木區裡的「演奏音階」積木，然後下拉選擇要發出的音階。

後面的 0.5 是指 0.5 拍。

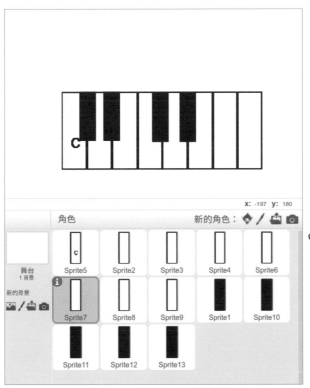

 **完成鍵盤圖**

用同樣的方法畫出黑鍵，然後細心的放置在舞台上的對應位置上。

如果有需要，也可以利用角色的 info 訊息屬性視窗，改變角色的名稱，例如用 NoteC 來代表音階 C，讓名稱更有識別上的意義。

 **提示**

角色複製時會把積木程式一起複製，所以要記得複製完畢後，到每一個按鍵程式區裡，去修改調整每個按鍵的音階，不然每個按鍵都會發出同一個音階。

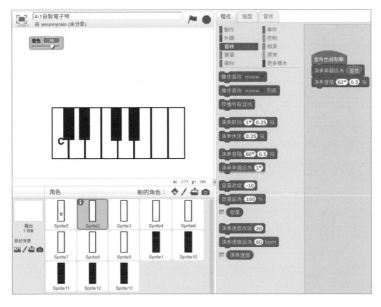

我是音樂家

好了，大功告成，隨便從滑動拉桿拉出一個數字，然後開始進行演奏吧！

12.2 音節與樂曲

任何一首樂曲，都有它的規律性存在。音符組成音節，音節組成樂曲，以大家耳熟能詳的兩隻老虎為例，請觀察它的樂譜，有沒有發現什麼！

認真檢視會發現，許多小節是重複的，第一小節和第二小節；第三小節和第四小節；第五和第六；最後七和八小節。如果把這些小節，利用 Scratch 做成程式模塊，那是不是就可以一再重複使用，甚至是創造出不一樣的兩隻老虎！

現在就來嘗試實作一下，扣除重複的部份，把它做成四個小節，分別命名為 A、B、C 和 D。

添加函式積木

❶ 點選「更多積木」

❷ 點選「添加函式積木」製作一個積木

這裡是創建一個自定義的積木，對於標準的程式語言來說，就是所謂的自定義函數，規劃完善的話，可以讓程式碼一再的被重複使用，提高程式效能與撰寫時間。

給自定義積木一個名稱

① 如左圖給這個自定義積木一個名稱 A，當然這個名稱可以自行給定，而且最好是給一個有意義的名字。

② 如果點選「選項」，可以為這個自定義積木設定傳遞的參數。這個有點難度，等能力更強時再來學習。

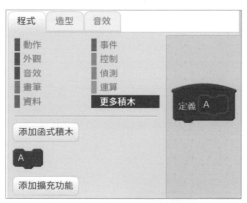

完成自定義積木 A

左圖為完成自定義積木 A 的範例。

這時就可以把 A 當做是一個起點，開始撰寫需要的程式積木。

完成第一小節 A

利用「演奏音階」來完成第一小節 A。

 提示

把 0.5 拍當成 1 拍，是因為如果真的使用 1 拍，速度相當的慢，可以試試那種慢的感覺。所以：① 半拍就是 0.25、② 1 拍就是 0.5、③ 2 拍就是 1。

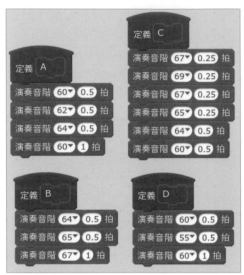

完整的四個 ABCD 自定義積木

依照學過的方法，繼續完成四個 ABCD 自定義積木（建議現在就把自定義積木記憶成自定義函數）。

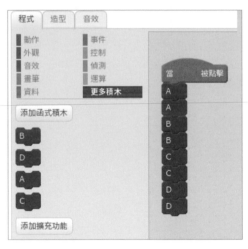

神奇的二隻老虎

使用自定義函數就和平常使用的積木沒兩樣。

當按下開始綠旗，執行二個 A、二個 B、二個 C、二個 D，就是一首完整的兩隻老虎，透過自定義函數，不但可以節省很多重複的工作，更可以讓程式積木看起來更簡潔。

如果要一直播放，你會怎麼做？

不停的播放

一個「重複無限次」就可以達到目的，做對了嗎！

12.3 兩隻老虎亂了套

最後讓電腦來亂數播放不一樣的兩隻老虎。

 隨機播放其中一小節

右圖是非常簡單的程式碼。

在無窮迴圈內，which 取得亂數 1~4。

依據得到的亂數，1 播放 A，2 播放 B，3 播放 C，4 播放 D。

小小的程式卻可以產生無數種不一樣的兩隻老虎，程式設計很好玩吧！

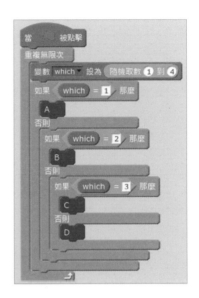

 完整的程式積木

完整的程式積木如下圖，提供對照參考。

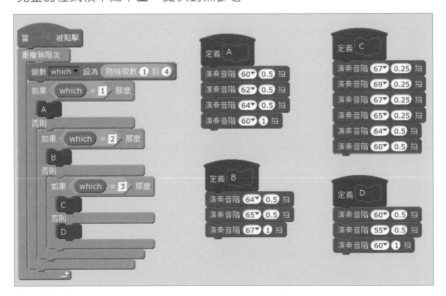

12.4 結語

透過音樂的規律性與重複性,再利用自定義函數把這種重複性實作出來,就可以創作出千變萬化的音樂,同時,學習自定義函數是未來成為高級程式師的起步,適當的把一些程式碼做成自定義函數,不管在撰寫、閱讀及測試上,都可以提供相當大的助益,要好好學習這個技巧。

13

天降神兵

學後成果：一般 Scratch 遊戲不外乎「角色扮演」「益智」「射擊」「反應動作」等類型，其中射擊類是最適合闔家遊戲的類型，本單元利用打擊外太空來的怪物進行射擊遊戲的製作。

閱讀完本章，你可以學會：

- ⊘ 以視覺的錯覺形成背景的移動
- ⊘ 分身的建立與碰撞偵測
- ⊘ 撰寫完整的射擊遊戲

13.1 功能結構圖

第九單元，學習到一個程式的規劃開發，是由上而下思索需要的功能，然後再由下而上，從底層開始將一個個的小單元程式，慢慢的依照功能表，逐步設計、修改，最後成為一個個的功能程式模塊，最終全部組合起來執行、測試、調整等，直到完成作品。

底下是本單元將建置的功能結構圖。

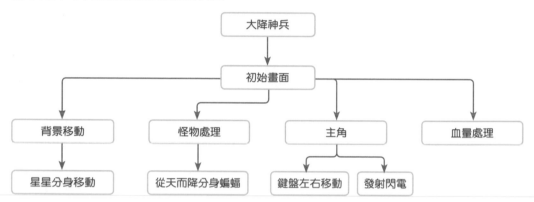

13.2 背景的移動

想讓主角看起來向某個方向移動時，在程式設計的作法是，主角不動，而是將背景往反方向移動，這樣看起來就好像主角在移動。

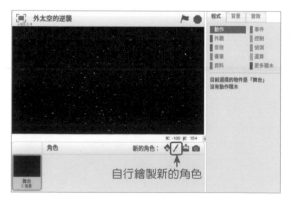

 更換舞台背景並自行繪製新角色

首先，利用背景範例庫裡的「太空」主題，挑選如左圖的星星背景圖。

將原來的貓角色刪除後，請點選「自行繪製新的角色」按鈕，這次先不使用角色範例圖庫而是自己畫出自己的 Star 角色。

首先，利用利用背景範例庫裡的太空主題挑選如左圖的星星背景圖。

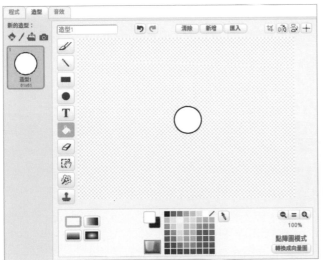

利用造型自行繪製新角色

進入造型編輯頁面，如左圖所示。

❶ 點選「圓形」畫一個圓。

❷ 按下前後景顏色切換，準備填入白色。

❸ 點選「填色」按鈕，將圓形內部填入白色。

提示
按著 Shift 再拖曳滑鼠可畫出正圓。

改變角色名稱

點選角色左上角的「i」圖示，會進入到如左圖的角色訊息畫面。

❶ 將名稱改為 Star。

❷ 點選向左箭頭回到主畫面。

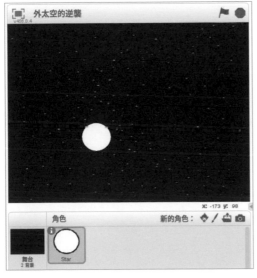

背景完成畫面

完成畫面如左圖所示。

接下來利用剛才手動繪製的星星，從畫面的上方慢慢的向下移動，造成畫面移動的視覺效果。

建立星星的分身

因為要出現許多星星,所以利用分身建立的方式來產生更多的星星,程式碼如左圖。

為了讓星星不會快速的產生,所以每個分身間隔 1 秒產生。

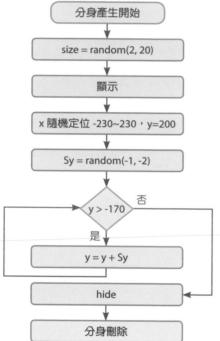

星星由上往下移動流程圖

左圖為初步構想的流程圖。

繪製流程圖的主要用意,是在撰寫程式前,有個較清楚的執行概念,對於較小的程式區塊,有時並非需要繪製流程圖。

其次,流程圖在實際撰寫為程式時,往往會在程式執行測試發現流程有誤,因此流程圖有需要且會隨時程式的發展而有所更動,它不會是一成不變的。

- size 設定星星的隨機大小。
- (x, y) 是星星的初始位置。
- Sy 是星星下降的速度。
- 如果 y > -170 表示要到達視窗底部了,所以把星星隱藏起來,然後刪除分身。

星星向下移動程式積木

當每一個星星分身產生時,將尺寸隨機設定 2% ～ 20% 的大小,這樣做的好處是讓星星有大有小,產生遠近的視覺效果。

建立「僅適用於目前角色」(區域變數)Sy。

變數 Sy 是用來改變下降的速度,每個星星下降不會是同樣的速度,造成移動的視覺效果。

13.3 怪物的處理

怪物的處理其實和星星的處理類似，一樣是在上方出現怪物，然後以不同的速度向下移動，接下來新增角色完成怪物的處理。

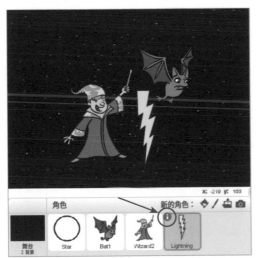

角色配置

如左圖，利用角色範例庫新增三個角色。

其中閃電是向下的，請點選「i」這個圖示按鈕，如左圖紅色框選處，打開角色訊息視窗。

修改閃電角色為向上

把紅色框選處由原預設的 90 度改為 -90 度，這時舞台上的閃電會改為箭頭向上，這樣比較像是向上發射閃電的圖形。

提示

也可以用程式控制它指向向上的方向，知道要用哪個積木嗎？

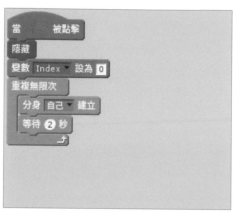

蝙蝠的分身程式積木

開始撰寫蝙蝠程式，請確定蝙蝠角色是被點選的（蝙蝠四週有藍色的框）。

左圖很類似第二節的程式，這裡設定 Index 變數，做為目前產生的分身數量，變數類型為「適用於所有角色」，因為要讓角色和角色間可以透過這個變數，判斷程式結束點。

等待 2 秒是指出現蝙蝠的間隔時間，如果不想要出現太多，可以增加秒數。

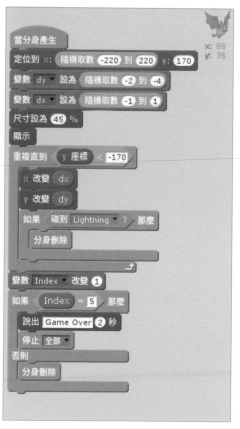

蝙蝠分身程式積木

左圖為蝙蝠分身的程式積木。

這個程式區塊和星星下降移動的程式區塊大同小異。

首先將分身定位到畫面的上方，X 座標取隨機數 -220~220，Y 座標設定在 170 處。

設定二個變數 dx 和 dy，這二個變數用於蝙蝠下降的速度和偏移，特別注意，這二個變數請設定為「僅適用於當前角色」，因為每一個蝙蝠都有自己的下降速度和偏移量，不可以互相干擾！

當蝙蝠一直下降時，如果 touching Lightning 碰到閃電，就表示被擊中了，然後把分身刪除。

如果一直下降到畫面底（y 座標 < -170），先把 Index+1，表示失敗次數 +1，然後判斷 Index 是不是等於 5，如果是就表示失敗沒有射中蝙蝠 5 次，就說出 Game Over 後停止全部程式，否則就把分身刪除。

檢查一下程式，沒問題就可以執行看看，因為目前還沒有設計發射閃電的程式，所以可以觀察蝙蝠下降和結束程式的情形。

13.4 移動主角和發射閃電

有了前面的基礎，要製作可以移動的主角和發射閃電就不再是難事，動手實作吧！

Wizard2 程式積木

左圖為主角 Wizard2 的程式積木，一開始先定位到畫面下方，並且把大小設為 40%。

接下來一直重複讀取是不是有按下向右鍵或是向左鍵，並且依據按鍵改變 X 值，每按一次向右增加 5，按一次向左增加 -5（也就是減少 5），這是指主角左右移動的速度，數值越大，按一次移動的距離越大！

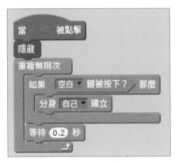

閃電程式積木

左圖為閃電程式積木，內容非常簡單，當按下空白鍵就建立分身。

最後的等待 0.2 秒，因為按下空白鍵如果按太久，會一直連續發射，停一下下，讓發射不要太過密集。

閃電分身程式積木

讓閃電出現在主角的位置，這樣看起來就好像主角在發射閃電，所以定位到 Wizard2 的位置。

要讓閃電一直向上跑，所以座標 y 值一直加 5，直至碰到邊緣（也就是畫面最上方）後再把分身刪除。

到這裡就完成了一個射擊遊戲，做完了就趕快試一下，看看自己辛苦的成果。

13.5 血量處理

基本上雖然已經完成了簡單的射擊遊戲，但還可以加以美化，就是增加血量的展示，也就是在畫面左上方有血量表，每失敗一次，血量就少一個，這要怎麼處理呢？

增加愛心角色

首先利用角色範例庫中，新增愛心角色，把愛心當做是血量。

設定五個血量

左圖為產生五個血量愛心的程式積木。

變數 heart 要設定為「適用於所有角色」，因為它要在每個血量角色之間傳遞資訊。

為配合血量是從5遞減到1（5 4 3 2 1），所以先設定為6，然後在迴圈內每次減一，再建立分身。

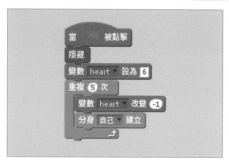

血量分身程式積木

特別注意，heart 是第幾個血（分身），**變數 hkey 要設定為「僅適用當前角色」**，因為每個愛心血量必須知道自己是第幾滴血，等待直到 hkey = Index 時，還記得 Index 是打蝙蝠失敗的整體變數嗎！（不記得請再複習），hkey 是當前第幾個血量，當二個數值相同時，就把分身刪去，畫面上的血量表就會逐漸減少！

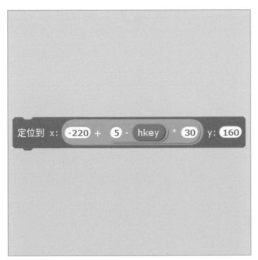

 血量位置計算

為讓血量表可以排成一橫排，也就是 X 座標改變，但 Y 座標不動，所以利用 hkey 做為間隔值。

例如：

- 當 hkey = 5，這時 X 座標為：
  $-220 + (5 - 5) * 30$
- 當 hkey = 4，這時 X 座標為：
  $-220 + (5 - 4) * 30$

利用這個技巧，就可以依據第幾個愛心算出它的 X 座標位置，是很重要的觀念技巧喔！

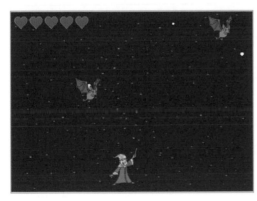

 執行畫面

左圖為程式執行畫面，左上方有五個血量，每失敗一次就會少一個血。

13.6 結語

程式到這裡雖告一段落，但是還有許多可以加強的地方，例如背景音樂、發射閃電時的特效聲音、打中的聲音、蝙蝠被打中時角色造型的改變（被打中時的造型），諸如此類，其實在這個程式的主架構之下，可以很容易的把對應的程式積木插入到需要的地方，這些美化精進的工作就留待大家研究學習。

射擊遊戲算是基本概念，有了這些技巧，要做出橫向的射擊遊戲、打擊遊戲、接雞蛋遊戲等等，都是輕而易舉的工作，不妨利用時間自己從零開始設計一個吧！

M · E · M · O

14

誰釣的魚最重

學後成果：在許多的電腦演算法裡，排序是最常使用的一種演算法，最簡單易懂的就是氣泡排序法，其中如何找出最大值或是最小值，是基本的概念與能力。

閱讀完本章，你可以學會：

- ⊘ 能使用亂數產生清單內容值
- ⊘ 能從清單數值中找出最大（或最小）值
- ⊘ 能善用模組力與重複力完成工作

14.1 誰釣的魚最重

找出最重的魚

有一天，小明和爸爸、哥哥一起到河邊去釣魚，爸爸提議，到中午時釣起來的魚中，誰釣的魚最重，可以吃水果蛋糕一個，小明聽了很興奮，趕快找個好地方開始釣起魚來，到了中午，大家把魚籠放在一起，準備比較一下，但問題來了，他們手上沒有稱重的工具該怎麼辦呢？這時小明想到一個辦法，他拿起一片木板，中間放了一小塊石頭做為支撐，做出一個簡易的天平，把二尾魚放在天平的二端，留下比較重的魚，再拿出一條比重量，一直留下最重的一條魚來比較 ，等所有的魚都比完了，剩下來的就是最重的魚了。我們用流程圖來看看小明的想法。

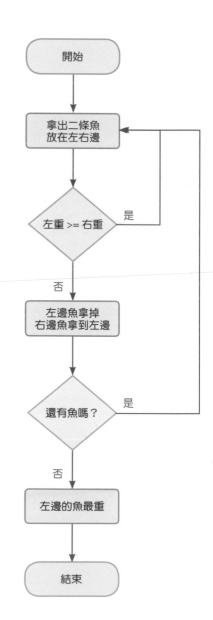

找出最大值：程式設計

現在使用程式積木來實作找出最重的魚。

建立三個清單變數

為了分別找出三人中誰釣的魚最重，所以先建立三個清單變數。

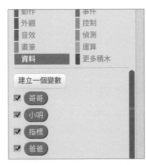

建立變數

建立爸爸、哥哥和小明三個變數，做為儲存每個人釣的最重的魚重量。

另外建立「指標」變數，指標是用來進行迴圈清單時指示目前的資料項目用。

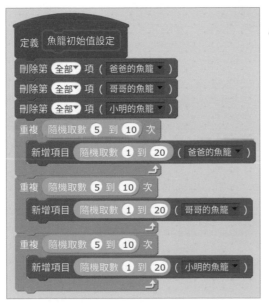

魚籠初始值設定

用人工一項項的輸入清單資料數值也可以，但是太累人了，這種累人的工作就交給電腦去做吧！

左圖是魚籠初始值設定函示積木，先把三個人的清單內容全部刪除，再把資料填進去。

重複幾次用亂數的原因是，希望每人釣的魚數量都不同（取 5~10），重複一次就是指釣了一條魚。

魚的重量就交給迴圈內的亂數去處理了，取數 1~20，是指每條魚的重量在 1 到 20 之間。

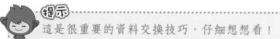

爸爸最重的魚函示

左圖為爸爸最重的魚函示。

重要的點有：

❶ 重複次數依據清單項目為準。

❷ 取出值依據指標數為準，所以在迴圈最後一行，一定要將指標數加1，讓它指向下一個清單項目。

❸ 每次比較，大的數值都存入爸爸變數中，因此迴圈結束，爸爸變數的內容數值就是最大的。

提示

這是很重要的資料交換技巧，仔細想想看！

哥哥最重的魚函示

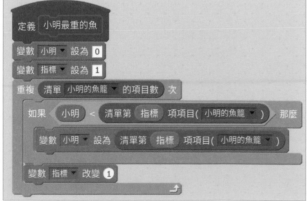

小明最重的魚函示

當三個函示執行完畢，每個人所釣的最重的魚都存入相對應的變數中，最後就是比較三個人誰的魚最重，誰就是勝出者。為了方便結果顯示，另外定義二個變數「最重」和「誰」，做為資料暫存。程式區塊如下：

 誰釣的魚最重程式積木圖

先比較爸爸和哥哥，把最重的數值存入「最重」和「誰」變數中。

因為剛才已經把資料存入「最重」變數，所以最後再比較「最重」和小明。

最後就利用字串組合說出結果。

如果認真地研究程式碼，會發現萬一爸爸、哥哥、小明三人之間，如果有相等的情形，例如爸爸和哥哥一樣是 20 公斤，而且都大於小明 15 公斤，照理說，它的結果應該是說「爸爸和哥哥一樣最重」才對，可是程式碼裡並沒有做這種等於判斷。這個工作就留給大家試做看看了，看似簡單，但要判斷的細節可不少喔！

14.3 結語

學完本章節，相信可以擁有從清單中找出最大值或最小值的能力了！如果再把這個能力擴充，就可以做出氣泡排序法，讓清單中的所有資料依最大值或最小值依序排列，這部份須要二個迴圈，可以自行先設計看看。

M · E · M · O

15

認識 Arduino

學後成果：今日各式行動裝置（如手機、平板等）普及，讓我們的生活更加的便利，但是如何將這種便利性擴及至日常的硬體機器中，有沒有什麼設備可以讓我們很容易的控制生活中現實環境的實體設備呢！閱讀完本章節，你將學會：

- ✓ 了解什麼是 Arduino
- ✓ 知道如何安裝 Arduino 驅動程式和電腦連結
- ✓ 學會透過 Arduino IDE 控制 LED 閃爍

15.1 Arduino 官方板與各式衍生板介紹

早年，要能夠利用各式的感測器，例如溫度控制器、光度控制、雷達偵測等等的設備來控制一台機器是很不容易的一件事，設計者需要有良好的電子學知識及電子電路設計能力，還要有很深厚的程式功力，能夠運用程式語言來控制並管理這些相關的週邊，因此，這不是一般沒有經過長時間訓練的專業人士所能完成的工作。

有鑑於此，在 2005 年由當時米蘭互動設計學院的教授 David Cuartielles 和 Massimo Banzi 設計出單晶片微控制器機板。他們將這塊板子命名為 Arduino。這一塊小小的板子，可以很方便的和各式感測器結合並接受回應，諸如點亮 LED、控制馬達運轉、進行紅外線或是雷達距離偵測等，使用者不需具備高深的電子學功力，只要有最簡單的電子學基礎，就可以自行結合各式感測器做出令人印象深刻的成品！

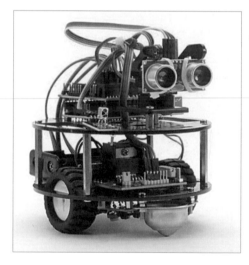

智慧自走車（取自台灣物聯網）

如左圖智慧自走車，透過 Arduino 晶片板外加各式感測器，就可以輕易的設計出可以判斷距離、位置、沿著某個路徑行走等功能的智慧型自走車。

Arduino 在近年來會風行全世界的最主要原因，除了將複雜的電路設計簡單化為單純的晶片控制器之外，更重要的主因是它完全採用開放原始碼的策略來發行。所謂開放原始碼指的是任何人都可以自由取得、研究、改良、重新發行，因此它的軟體可以自行在官方網站上下載取得並無償使用。

硬體部份採用創用 CC 的授權概念（參看台灣創用 CC 計畫網站 http://creativecommons. org.tw/explore），也就是任何人可以下載取得電路設計圖並研究改良，只要採用符合創用 CC 的授權概念，也可以另行販售，這也造成 Arduino 相容的仿生板百花齊

放，許多初學者一開始會被市面上各式各樣不同的板子困惑的原因也在於此，其實它們大部份都是相容通用的，只是有些廠商將它增加更多功能再發行而已。

要讓 Arduino 順利工作，通常需要三項物件：晶片控制板、各式感測器及各式擴充板，感測器和擴充板依據不同的需求情境之下使用，例如要製作外人入侵警報器，就需要紅外線或雷達感測器；要製作自走車，需要馬達擴充板來支援更大的電力等。這些都會在日後的課程中一一介紹並實作。現在讓我們來檢視一下常見的幾種設備。

 Arduino UNO（取自官網）

左圖是目前常見一般使用的 Arduino UNO 原廠官方網站販售的晶片控制板，除此之外，目前市面上也有販售各式的相容仿生板及改良過具有更多功能的晶片控制板。

Arduino 原廠也有依據各種需要而發行各式的其他微晶片控制器，基本上它們都是同一個家族的產品。

感測器 **37** 件組（取自飆機器人 _ 普特企業有限公司）

左圖提供各式各樣的感測器，常用的如光線、溫度、溼度、紅外線、搖捍等等，通常首次採購會盡量一次購足，因為感測器體型很小且價格不高，一次買齊會比較划算。

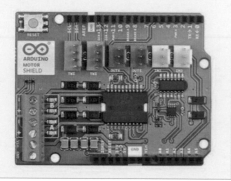

ARDUINO MOTOR SHIELD REV3

Code: A000079

馬達擴充板（取自 Arduino 官網）

由於 Arduino 本身僅是一個小小的晶片控制器，無法提供各式各樣的複雜需求，也無法提供如驅動馬達足夠的電力，因此就有因應各式需求的擴充板誕生。

左圖為馬達擴充板，可以讓 Arduino 輕易的透過這塊擴充板，提供足夠的電力給馬達使用，並且可以透過它來控制馬達的運轉速度和方向等。

除此之外，更有許多特殊的擴充板，如無線網卡、藍牙、穿載裝置等，這些就屬於更深入的課題了。

學習 Arduino 的最佳方式就是做中學，本節介紹的各種晶片有個概念就可以，日後經由實際操作，就可以好好的認識這些好朋友了，不用心急！接下來就準備好你的第一塊 Arduino 晶片控制器，學習如何將它和電腦連結在一起工作吧。為了減化零組件接線的工作，請自行購買「模組化」好的感測零件。

15.2 與電腦連線

Arduino 本身不是一台電腦，要將撰寫好的控制程式命令，編譯出它可以執行的指令碼，又或者要透過 Scratch 之類的積木式開發程式來和它溝通等，都必須要讓它和電腦進行連線。首先將 Arduino 利用 USB 連線線材，將它和電腦連接，Arduino 並不像其他電腦週邊，例如隨身碟、滑鼠等，支援隨插即用，它必須要安裝相關的驅動程式，才可以建立好溝通的橋樑，接下來就學習如何下載需要的軟體並安裝。

前往官網下載應用軟體

首先打開瀏覽器，前往 Arduino 官方網站。

❶ 網址列輸入：www.arduino.cc。

❷ 點擊「SOFTWARE」（軟體）進入下一頁，準備取得需要的應用軟體。

取得 Windows 安裝包

進人下載頁面之後：

❶ 下拉選擇「中文」，方便閱讀。

❷ 點擊「Windows 安裝包」就可以進行下載，預設會在下載目錄裡。

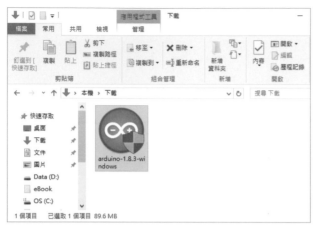

打開下載目錄準備安裝

預設執行檔案會在下載目錄裡，所以請打開檔案總管，前往下載目錄。

找到 arduino-1.8.3-windows 檔案後，滑鼠雙擊執行它，然後會出現是否安裝的對話視窗，選擇「是」，進行安裝。

提示

1.8.3 是版本號碼，Arduino 會不斷的出新的版本，所以當你下載時，版本號碼不一定是這一個，但不影響整個操作。

同意進行安裝

首次安裝會出現版權說明，請點選「I Agree」表示同意接受授權，繼續往下進行安裝。

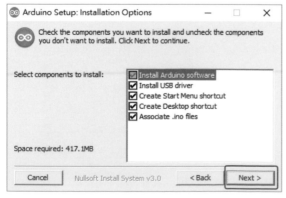

選擇安裝元件

接下來出現選擇安裝元件的畫面，它預設全部打勾，也就是全部安裝，包含桌面啟動圖示等，這裡不做修改，依預設值全部選取，直接點選「Next>」進行下一步。

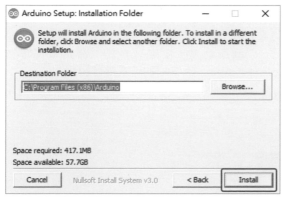

 進行安裝

左圖選示檔案和資料要安裝到哪個目錄去，這裡也是採用預設值不更動，但請稍微注意一下安裝的目錄位置，未來更深入學習，例如增加程式庫等，就會用到這個目錄。

請點選「Install」進行安裝。

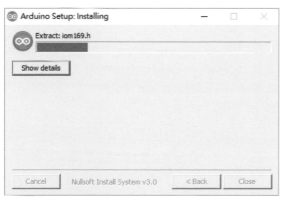

 安裝進行中

左圖為安裝進行中畫面，請稍待讓電腦進行安裝。

 安裝週邊驅動程式

安裝中會出現安裝週邊驅動程式的畫面，如左圖所示，一定要點選「安裝」，這樣 Arduino 才能夠和電腦連線。

 安裝 USB 驅動程式之一

接下來會詢問要不要安裝 Arduino USB 驅動程式，當然要點選「安裝」按鈕。

 安裝 USB 驅動程式之二

繼續點選「安裝」按鈕,將所有有關的 Arduino USB 驅動程式安裝起來。

桌面啟動程式

 安裝完成

當視窗左上角出現 Completed 時表示安裝完畢,此時可以按下「Close」按鈕關閉安裝視窗。

請注意桌面上也會同時出現 Arduino 的桌面啟動圖示,未來要開啟使用 Arduino IDE 程式時,就可以雙擊啟動圖示來開啟應用程式。

15.3 閃爍的紅色 LED 燈

完成了上一節的接線與驅動程式安裝工作,接下來我們來讓 Arduino 做點小工作,讓它紅色的 LED 可以閃閃發亮,也可以利用這個機會來檢測接線與驅動程式是否都安裝正常,為以後的學習工作做好準備。

首先雙擊桌面上方 Arduino 啟動圖示。

 空白的程式視窗

啟動 Arduino IDE 程式之後,會出現如右圖的空白程式視窗,你可以在這裡撰寫 Arduino 程式,控制晶片的運作模式。

檢視板子型號

點選「工具」→「開發板」，會出現它可以支援的各式型號的機板，此時請點選 Arduino Uno 前方有一個黑點，表示它正確抓取到我們接上去的晶片板。

Windows 電腦的序列埠

當用 USB 線將 Arduino 和電腦接上之後，電腦必須知道它將透過哪一個序列埠和 Arduino 溝通。

點選「工具」→「序列埠」

然後點選電腦抓取到的 COM3，點選之後前方會出現打勾符號。

提示

請依據電腦的實際接續情況選擇，不一定如左圖所示。

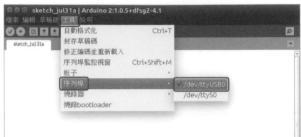

Linux 電腦的 USB 接線序列埠

特別注意，如左圖所示，由於作業系統的不同，看到的序列埠名稱也不同。左圖是使用 Linux 作業系統，電腦所抓取的序列埠名稱為 /dev/ttyUSB0。

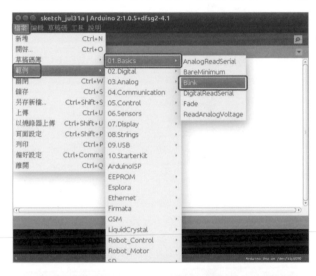

讀取 Blink 範例檔

點選「檔案」→「範例」→「01. Basics」→「Blink」將 Arduino 做好的可執行範例讀取出來。

進行程式編譯

程式碼讀入視窗之後，點選左上方有一個勾勾的圓型按鈕，如左圖所示。

這個按鈕的動作，就是要將人可以看懂的程式語言，檢查程式是不是有語法錯誤的問題，沒問題就進行轉換成晶片可以執行的機械碼。

編譯完成後，視窗下方會出現編譯完成的訊息字樣。

上傳機械碼到晶片裡

最後一個動作，就是將編好的機械碼上傳（傳送）到我們的 Arduino，這時如左圖所示，按下左上方的向右箭頭圖示，進行上傳。

傳送完畢之後，你就會發現，Arduino 上的紅色 LED 開始每秒鐘閃爍一次，一直重覆不會停止。

提示

如果確定是正確的程式碼，例如範例裡的程式，也可以直接點選上傳的按鈕，它會先編譯再上傳，可以不用分二次動作。

修改程式碼

讓我們稍微了解一下這個程式碼，別急！如果真看不懂也沒關係，下一單元會用 Scratch 積木方式來控制 Arduino。

❶ Int led=13; 請拿起 Arduino，可以發現上面的針號都有編號，紅色的 LED 就是編號 13。

❷ pinMode（led, OUTPUT）；這是將第 13 號腳位設定為輸出模式，因為我們要將 LED 通電嘛，所以是輸出。

❸ digitalWrite（led, HIGH）；
delay（1000）；
digitalWrite（led, LOW）；
delay（1000）；

HIGH 是指輸出約 5 伏特的高電位，這樣就可以點亮 LED 燈，LOW 是指 0 伏特的低電位，所以 LED 燈熄滅，其中的 1000 是指延遲 1000 微秒（1 秒鐘），你可以試著改成 100，然後再編譯再上傳，看看 Arduino 的紅色 LED 閃爍的情形。

15.4 與 Scratch 共舞

上一節使用指令的方式是不是讓人感到害怕呢？其實要建立起豐富的學習心才能克服這種害怕，在還沒有真的學會利用文字指令控制各式週邊之前，我們先利用之前學習過的 Scratch 積木式指令，透過這種積木式指令來學習各式週邊與感測器，可以更輕鬆達成我們的目標。

Scratch 在更多積木區裡，提供了擴充積木的功能，可以讓開發者自行開發擴充積木，增加 Scratch 的能力，在後續單元，將採用 wfduino 這一套擴充積木程式。

前往 WFduino 下載離線版軟體

使用瀏覽器前往 WFduino 網站：http://wfduino.com

網頁下拉，找到 Windows 的 OFFLINE 離線版，點選下載按鈕。

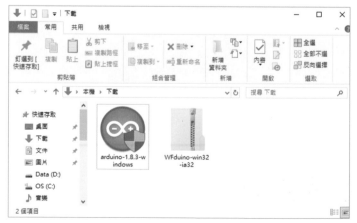

取得壓縮檔

下載回來的是一個壓縮檔案 —— 如左圖所示 WFduino-win32-ia32。

解壓縮全部

點選壓縮檔，按滑鼠右鍵，從右鍵功能表中選擇「解壓縮全部」。

選擇解壓縮到哪個資料夾裡

接下來選擇要解壓縮到哪一個資料夾！

建議解壓縮到自己常用的資料夾裡，因為 wfduino 是免安裝的綠色軟體，到時直接執行 wfduino 執行檔即可，所以一定要知道自己解壓縮到哪兒去了！

檔案解壓縮中

左圖為檔案解壓縮中，請等待一下。

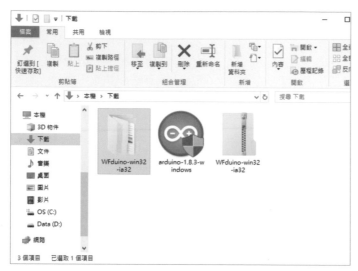

解開獲得一個資料夾

解壓縮完成會得到一個新資料夾。

雙擊資料夾進入資料夾內。

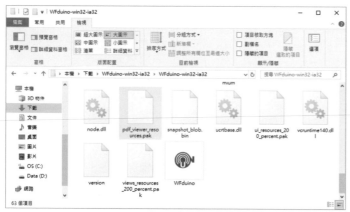

進入資料夾找到 WFduino 執行檔

這時，請先把 Arduino 利用 USB 線把它接到電腦上備用。

進入資料夾內，找到 WFduino 主程式，雙擊主程式執行它。

應用程式無法辨識

Windows 保護程式無法辨識這個應用程式，所以無法立即執行，請點選「其他資訊」。

點擊「仍要執行」按鈕

這時視窗下方會出現「仍要執行」按鈕，請放心執行它。

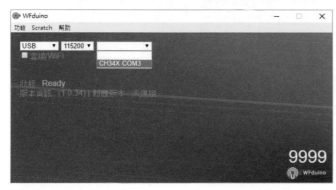

出現執行畫面

左圖為執行畫面，程式會自動偵測 Arduion，請下拉選擇 Arduino 接續的通訊埠。

請注意，此時畫面顯示是「未連接」狀態。

提示

要依據電腦的實際接續情況，不一定會如上圖為「CH34X COM3」。

已正確連結

如果一切無誤，此時電腦會出現目前 Arduino 的版本資訊，如左圖所示，表示已正確連結。

 **首次韌體更新**

因為是第一次使用，所以請依照左圖進行韌體更新動作，這個動作只要做一次即可，以後再次使用，不需要重複重新。

 **韌體更新中**

韌體更新中執行畫面如左圖，請稍待！

 開啟基本範本

更新完畢，再次檢查連結的通訊埠是否有選擇正確。

確定無誤，請點選 Scratch → 開啟範本 → 基本

這時會啟動離線版的 Scratch，然後載入最基本的擴充基本。

提示

如果電腦沒有安裝離線版的 Scratch，請使用 Scratch 2 線上版。

擴充積木

點選更多積木，可以發現以前從沒有見過的積木群，這些就是和 Arduino 協同工作的積木群，也是接下來的單元要學習的對象。

目前已經有一個最簡單的 LED 閃爍的程式，請點選執行綠色旗，看看 Arduino 是不是會一閃一閃的。

利用 Scratch 也可以控制 Arduino，是不是很讓人興奮呢！

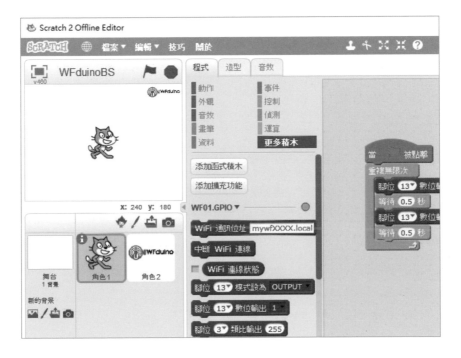

15.5 結語

本單元是最基礎的入門功，讓你可以透過 Scratch 和 Arduino 結合並且溝通合作，透過內建的範例，了解如何控制 Arduino 的紅色 LED 閃爍。使用指令式的程式碼對於剛入門的初學者來說，有點難度，看不懂別灰心，在之後的單元，將使用大家所熟悉的 Scratch 積木操作模式，如同第四節所介紹的方式，透過程式積木來完成各式各樣令人驚奇的應用。

M · E · M · O

16

紅綠燈

學後成果：透過觀察與分析馬路上的紅綠燈，利用紅、黃、綠三色 LED 燈自製模擬紅綠燈的運作，在閱讀完本單元之後，可以學會：

- ✓ 認識及了解 LED
- ✓ 了解 Arduino 接線擴充板
- ✓ 能觀察、分析及規劃應用程式
- ✓ 可做出自製模擬紅綠燈模型，並與人分享
- ✓ 可做出三色跑馬燈

16.1 LED 介紹

LED（Light-emitting diode）的中文名稱是發光二極體，本單元將利用接線擴充板進行測試實作。

各式 LED（取自鴻宗科技股份有限公司）

右圖為各式不同顏色的 LED 燈，LED 是由 P 型和 N 型半導體所結合，給它順向偏壓時，電流通過會發出色光，但給它逆向偏壓時，它是不發光的！這點和二極體的功能相同。所以注意每個 LED 都有長短腳，長正短負，如果未來要手動接線時要注意正負電方向。

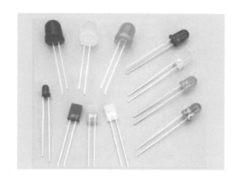

不同的材質可以做出不同色光的 LED 燈。因為它的發光效能良好且省電，所以近年來被大量使用做為取代燈炮及日光燈的省電器材。

因為 LED 低耗能、不發熱、體型小且有各式顏色，所以常在各式各樣的電器設備中看到的各種顏色的小小指示燈，通常都是這種小型的 LED 燈。例如紅燈亮表示開機了，綠燈亮表示功能正常等。

 **16.2** 觀察紅綠燈閃爍情況

具有左右轉號誌紅綠燈

當我們走在市區的馬路上，紅綠燈算是最容易看見的交通號誌，但是因為太常見了，所以有時會忽略了它是怎麼發亮的，只是很單純的知道：綠燈行紅燈停。其實，如果仔細觀察，各路口的紅綠燈除了會依照交通流量而有不同的秒數之外，也有其他特別的燈號！例如右圖就多了左轉、直行、右轉的三個燈號。

16.3 規劃流程圖

 紅綠燈流程圖

各路口號誌秒數與情況眾多，右圖規劃的流程圖僅為其中之一假設情形。

當電源開始啟動，先進行各項初始值的設定，然後開始亮紅燈 X 秒，當準備換下一燈號黃燈時，讓紅燈閃爍 Y 次，接下來亮黃燈 X 秒，以此類推。

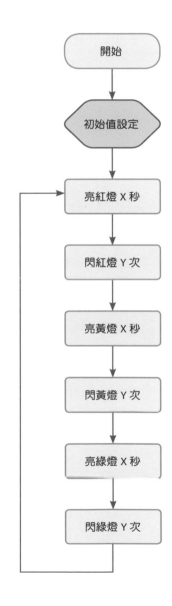

16.4　三色 LED 燈與接線

三色 LED 燈與接腳

右圖為本次實驗用的三色 LED 燈，底下有四個接腳，GND
表示這支接腳要接到地線（類似電池的負極）

R（Red）Y（Yellow）G（Green）分別對應到上面的紅燈、
黃燈及綠燈，這三支接腳須接線至 Arduino 的三隻數位腳位
上，透過 1 與 0 的高低電位數位訊號，來點亮或熄滅。

為後續操作實驗，請自行上網購買此種模組化完成的零組件，可以避免許多接線的
困擾。如台灣物聯網。

光敏電阻接腳圖

此時請把其他尚未學習到的零組件拿出來觀察一下，絕大
部份的零組件都有三支腳位，如右圖為日後課程會學到的
光敏電阻零組件，這三支腳位分別是 GVS。

- G = Grand 表示接地線。

- V = Volt（伏特）表示是接到 5V 或 3.3V 的位置。

- S = Signal（信號）表示是零組件信號送出的接腳，通常
　　會接到 Arduino 某個腳位進行資料讀取。

前後不同的杜邦線材

要將零組件和 Arduino 接續，須要接線，這種線材稱為杜邦線，俗稱跳線，為了不同的接點，所以它有公對公、公對母、母對母幾種組合，如下圖所示，這種線材種類相當多，可以在零組件材料行裡買到。

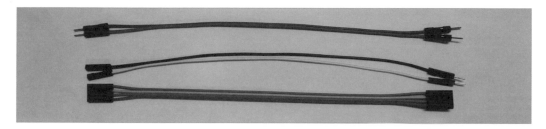

紅綠燈接線示意圖

右圖為接線示意圖。通常接地線，也就是機板上標示為「-」或是「G」的接點，習慣使用黑色的線，而正電習慣使用紅色的線，但有時現成的杜邦線並不會洽好符合「紅正黑負」的習慣，此時習慣是使用深色的線當做地線，較鮮豔的線當做正電，不過這些只是方便認識接線位置而已，這樣零組件和機板的接線位置才不會相反，也就是正接到負、負接到正，這裡一定要細心檢視，正負接反，容易將機板或是零組件燒毀。

輸出入擴充版接線位置圖

Arduino 輸出入擴充板如下圖，上面有許多方便未來接續的擴充接點，而且和 Arduino 原有的接腳編號相符合，接線時只要注意「G」點或「-」點，以及接上去的腳位編號，就可以很容易完成相關的實驗測試。

注意圖中紅色框的位置，這是待會要接上三色 LED 的位置，下一個單元三色色燈的接線位置也是這裡。

觀察一下，它的腳位是「965-」，接線時特別小心要將「G」和「-」接在一起。

如果沒有這種擴充版也沒有關係，可以利用杜邦線直接按腳位接到 Arduino Uno 機版上。注意機板上的腳位標示即可。

接好的三色燈接線圖

右圖為接好的三色 LED 燈接線圖。

以右圖為例,綠色的線當做地線,所以要注意它是不是將三色 LED 燈的「GND」接腳和輸出入擴充板的「-」接腳是同一條線(此例為綠色線)。

若沒有擴充板則直接接到主機板上,再次強調,接線時要特別特別注意「正電」「負電」及「腳位編號」。

Arduino 機板腳位圖

右圖為 Arduino 機板腳位圖。

* A0~A5 為類比腳位

* 0~13 為數位腳位,其中 0 和 1 腳位是用作序列埠使用,通常不作為一般性使用腳位。

* 3, 5, 6, 9, 10, 11 是較特別的數位腳位,可以輸出 PWM(Pulse Width Modulation)訊號,例如控制馬達轉速、輸出電壓高低等,先有概念即可,以後深入學習時會用到。

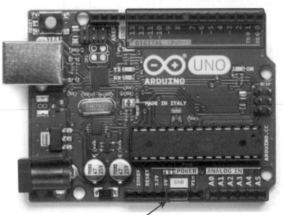

0~13 共有 14 個數位腳位

GND　　A0~A5 有六個類比腳位

接好線之後,再次確定地線 GND 有沒有接錯位置,紅色燈的接腳是接到機板的第幾支腳位,黃色燈的接腳是接到機板的第幾支腳位,綠色燈的接腳是接到機板的第幾支腳位。

和機板接續的腳位,一定要知道是哪些數字腳位,因為在撰寫積木程式時,要啟用輸出腳位亦或是輸出 0 或是 1 到哪支腳位,都和接線的位置有關。有時往往程式並沒有錯誤,而是接線時接到腳位和程式腳位不同,比如接到機板 4 號腳位,但是程式卻使用 6 號腳位,當然無法正常運作,因此,當發現程式不正常時,除了檢查程式的正確與否之外,也別忘了再次檢查程式的設定腳位和接線的腳位是否一致。

16.5 程式撰寫

零組件和線材都和 Arduino 接續好了，接下來就是利用積木程式讓這些零組件工作的時候了。在撰寫 Scratch 之前，別忘了利用上一單元的方式，將 Arduino 和電腦利用 USB 連線接好，啟動 WFduino 後連線打開 Scratch2，再來撰寫積木程式。

改良新的流程圖

再次觀察之前規劃的流程圖，會發現我們一直在做重覆的動作，也就是亮紅燈、黃燈、綠燈等，而這些動作內容都一模一樣，只是亮的顏色不同，因此，我們可以利用清單變數，把要亮的燈號內容放進去，逐一檢視清單並且執行它即可。

修正之後的流程圖如下圖所示，是不是變得更簡潔了呢！

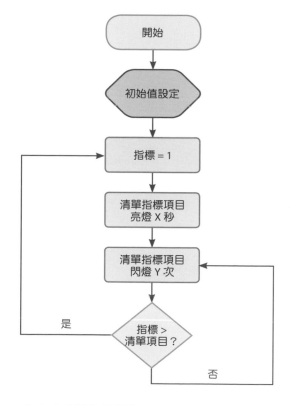

接下來就利用 Scratch 來完成我們的模擬程式吧！

主程式積木圖

左圖為主程式,首先進行啟始值的設定、啟用腳位輸出以及清除並建立紅綠燈清單。

接下來我們讓它一直無限次重覆,透過變數指標,逐一將清單第指標項目亮燈、閃爍及熄燈。

透過變數清單的好處是可以將大量重複的動作整合在一個變數裡處理,這樣的技巧不僅要學會,而且要經常練習使用它。

啟始值設定函式積木

啟始值的設定是依據三色 LED 的輸出腳位,定義綠 =9 黃 =6 紅 =5,這裡的數值須和接線的針腳編號相同。

其他變數僅是設定恆亮秒數、閃爍次數及間隔,這裡的數字可以依據需要任意變更。

程式設計中,程式裡非必要盡量不要使用常數值,例如 6、4 等,採用變數最大的好處是,未來要改恆亮秒數時,只要修改變數值即可,程式裡所有採用此變數的地方都會自動改變,所以要習慣使用變數取代常數值。

使用變數也更能清楚表達,例如啟用綠色腳位會比啟用 9 號腳位更清楚目標對象。

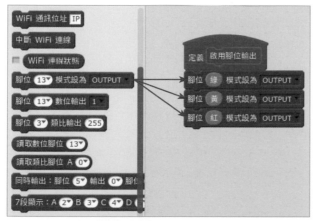

將數位腳位設定為輸出

透過啟用腳位輸出函式積木將綠、黃、紅三色的腳位啟用並設定為輸出模式。

處理紅綠燈清單函式積木

除非重新開啟，否則 Scratch 會將之前執行的結果保留下來，因此，紅綠燈清單函式的第一個動作就是將清單的內容全部清除，然後再把綠、黃、紅三個腳位新增到紅綠燈清單之中。

提示

特別注意：清除清單舊有資料是很重要的一件事。你可以嘗試不清除，並且執行、停止、執行、停止，重覆幾次，你就會發現清單的資料一直增加，這就是問題所在。

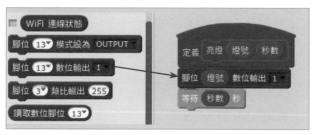

亮燈函式積木

亮燈函式很簡單，傳入二個參數，一個是燈號，一個是秒數，這樣就可以依據需要點亮某個燈號，並持續點亮需要的秒數。

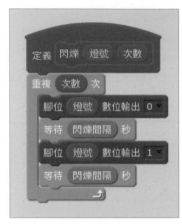

閃爍函式積木

閃爍函式積木依據傳入的燈號和次數,來決定要將哪一個燈閃爍,以及要閃幾次。

所謂閃爍就是指忽亮忽暗,也就是將腳位燈號在 0 與 1 之間切換。0 是指低電壓,燈就會熄;1 是指高電壓,燈就會亮。

這二個的間隔時間,由閃爍間隔變數來決定。(這個變數我們在啟始函示中有定義)

熄燈函式

這個函式和亮燈幾乎一樣,只是把腳位設定為 0 即可。

整個程式並不複雜,如下圖所示。這裡採用大量的變數和函式積木,最主要的目的是讓整個程式結構完整,透過清單變數除了可以讓程式碼大量減少之外,更重要的是善用程式的迴圈,除了減少程式撰寫工作之外也減少錯誤的機會。

 完整的程式畫面

程式撰寫完畢，馬上按下「綠旗」執行它，檢視一下，紅綠燈是否如你的預期般運作，若發現錯誤，別忘了再次檢查是不是哪個積木組合錯誤，或是數字輸入錯誤。撰寫程式除了要膽大心細之外，更要有不怕錯的心情，除錯也是一門學問。

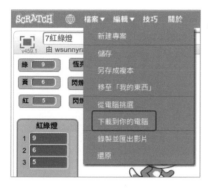

將程式下傳回電腦備用

如果使用的是 WFduino 線上版，寫好的程式下次還要使用，請務必要把程式碼下傳回來。

如左圖，請點選檔案→下載到你的電腦，這個功能是將程式下載回個人電腦存檔備用。

下次若要再使用（如修改程式），則使用「從電腦挑選」從個人電腦上傳程式檔。離線版也要記得存檔喔。

16.6　三色跑馬燈

跑馬燈有幾種類型，其中一種就是一排燈依照次序逐顆點亮並逐顆熄滅，看起來好像燈在向前跑的感覺！在沒有看底下的積木程式之前，是不是可以自己設計出來呢！先做做看吧！自我挑戰和練習，而不是照著書本的積木，就算是出現無數次錯誤，但從錯誤中學習正確的程式，也是一門必須堅守的功夫。

跑馬燈設計積木程式圖

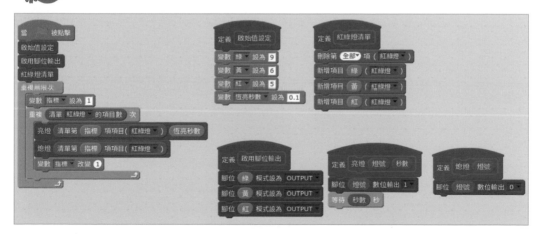

檢視跑馬燈設計積木程式圖會發現，和紅綠燈的設計相似度幾乎百分百，其實這就是模組化的好處！仔細想想，跑馬燈與紅綠燈的差異，僅在於亮燈的時間和閃爍的時間，由於跑馬燈不須閃爍，直接從一個燈移到另一個燈，也就是亮燈的時間縮短，但亮燈的次序不變。

有了這個概念之後，再檢視上圖，就可以發現，只要將恆亮秒數改為 0.1，然後把閃爍的積木移除，跑馬燈程式就大功告成，只要觀念通了，是不是就非常容易呢！

16.7 結語

透過本單元的練習，是不是覺得，要利用 Arduino 來做點事情，並不如想像中困難，因為除了它輕易小巧的特性之外，配合熟悉的 Scratch 程式設計，讓這些原本複雜百倍的程式設計工作變得輕而易舉，只要繼續依本書內容有耐心的學下去，很快的你也會是創客高手。

火災警報器

學後成果：火災意外如果能夠即時發現，在火勢尚未擴大之時可以迅速撲滅，除了可以讓財產的損失降到最低之外，更可以保護最重要的生命安全，因為就算無法將火勢撲滅，人員也可以在警報器動作時，立即進行疏散動作，讓生命安全得以保障。

閱讀完本章你可以學會：

- ✅ 了解熱敏電阻偵測方式
- ✅ 了解蜂鳴器發聲方式
- ✅ 可從 Arduino 讀取類比訊號值
- ✅ 實作簡易火災警報器

常見熱敏電阻

各式熱敏電阻（取自台灣 Word）

熱敏電阻（thermistor）是一種會隨著溫度改變而改變電阻值的一種電子元件！

熱敏電阻如果是隨溫度上升而增加的稱作正溫度係數（PTC）熱敏電阻器；反之電阻值隨溫度上升而減小的是負溫度係數（NTC）熱敏電阻器，在元件使用及設計上要注意，以免得到相反的結果值。

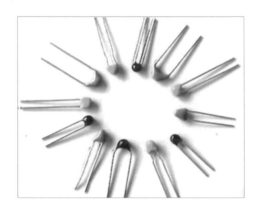

由於熱敏電阻可以隨著溫度改變而改變電阻值，也就意味著，可以偵測電阻值的改變，了解當下環境或是設備的溫度，隨著溫度做出反應！例如電器設備常見的過熱保護，其中大家最常見的就是吹風機，稍微好一些的吹風機會有過熱保護，也就是一直使用它，當過熱時會自動斷電，除保護機器之外也保護使用者不被燙傷；另外像是電鍋、電熱器、電熨斗等，都可以發現熱敏電阻的蹤跡。

熱敏電阻、蜂鳴器接線與測試

現在把零件盒拿出來，找出底下的實驗零件。

實驗用熱敏電阻

右圖為實驗用熱敏電阻，上方小小黑色的零件就是可依據溫度改變電阻值的熱敏電阻。

注意底下三個接腳「GVS」，分別代表接地（G）、供電（V）及訊號（S），別接反了！

 實驗用蜂鳴器用

右圖為實驗用蜂鳴器，上方的黑色零件就是蜂鳴器的發聲元件，它的內部有線圈及薄膜，透過不同的電流大小，造成線圈的磁場有大有小，利用磁場振動薄膜，發生聲音。

不過，畢竟是小型的薄膜，所以發出的聲音有些尖銳，並不是十分悅耳，但也正是因為如此所以非常適合當做警報音，提醒使用者有事情發生需要處理了。

底下的三支接腳，一樣是 GVS。

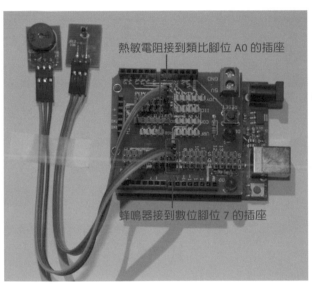

熱敏電阻接到類比腳位 A0 的插座

蜂鳴器接到數位腳位 7 的插座

 火災警報器接線圖

左圖為火災警報器接線圖。

提示

① 由於熱敏電阻傳入的是連續的類比數值，所以可以接續到類比腳位 A0 ~ A5 其中之一皆可，左圖為接到 A0 的插座。

② 接線時，再次注意 G V S 的腳位是不是有相符合，不要接反！

 熱敏電阻測試積木

右圖為熱敏電阻測試積木。

先設定腳位 A0 為 INPUT 輸入模式。

把讀取類比腳位 A0 的值存入 a0 變數中。

最後利用 set size to a0/10 %，讓小貓可以隨著熱敏電阻的值改變大小。

當溫度越高，小貓越大，溫度越低，小貓越小，可以同時觀察 a0 變數值的改變。

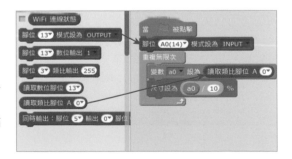

 **實作火災警報器**

透過第二節的操作可以發現，當溫度升高時，讀取的數值也就越高，所以我們可以利用這個數值，做為房間溫度上昇的偵測值，當溫度超過某一個臨界值（如60度）以上時，發出警報音，提醒家人要注意滅火或是趕緊疏散到安全的戶外。

火災警報器流程圖

右圖為火災警報器流程圖。

我們不停的讀取熱敏電阻的值，一旦它高於設定的溫度，就開始利用蜂鳴器播放一段警報音，然後再回頭重新讀取，一直重覆到溫度下降（火災危險解除）才停止。

主流程圖

主流程圖相當簡單，重點就在於讀取類比腳位熱敏電阻的值，利用它來判斷屋內的溫度是否超過警戒值。

alarm 是自定義的警戒值，左圖的例子設定為 600，這個數值可以自行測試後決定，設定太高，火災時不會觸發警報；設定太低，當室內溫度高一些，又會觸發警報，所以要小心使用。當警報發生時，同時把第十三腳位的紅色LED燈點亮。

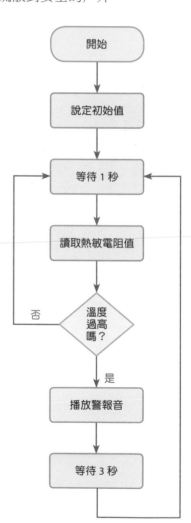

接線與程式撰寫完畢之後，就可以開始測試，由於警報值設定為接近人體的體溫，所以可以利用手指，輕握住熱敏電阻，這時可以發現檢測值一直在上昇，直到超過設定值之後開始播放警報音。

17.4 光敏電阻

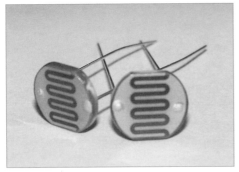

光敏電阻（取自捷配電子市場）

光敏電阻會隨著光線的強弱而有不同的電阻值，光線越強電阻值越小，光線越暗，電阻值越大。

透過這種隨著光線明暗改變電阻值的特性，常見在夜晚時會自動點亮的路燈上，白天又會自動熄滅！

可變電阻、光敏電阻和之前介紹的熱敏電阻，這些都是讀取類比訊號的電子零組件，這些零組件已融入在我們的生活中，所以下次看到有些電子設備，會隨著光線、溫度或是手動調整各式靈敏度的旋鈕時，可以想想看，它們的原理是什麼，你會發現其實也沒有那麼神奇了！

17.5 光敏電阻接線與測試

接下來檢視使用的零組件及接線圖。

光敏電阻零件圖

右圖為光敏電阻零件圖，上方透明可見的零件就是光敏電阻，可以依據光線的強弱來改變電阻值，透過此特性控制其他電器設備。

 光敏電阻接線圖

和熱敏電阻一樣，由於是讀入連續式的變動值，所以接續的地方是類比輸入 A0。

未來如果要同時使用此類電子零件，可以使用不同的腳位，Arduino 提供 A0~A5 共六個類比輸入腳位。

再三提醒，注意二邊 G 點的位置，才不會接反，影響結果。

隨光線改變亮度的背景

如左圖所示，取得房間的舞台背景圖，然後定義一個適用於所有角色的變數（整體變數）bright，表示亮度值。

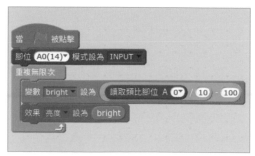

小貓的程式積木

左圖為小貓的程式積木圖，和熱敏電阻類似，先設定 A0 為輸入模式，然後把讀取到的數值（0~1023）除以 10，為了配合背景可同步依據光線的亮暗，所以 -100。

可以試試如果不減去 100，它的效果是如何。

執行看看結果，用手去遮住光敏電阻，看看舞台背景是不是會越來越暗，完全遮住時舞台會是一片漆黑。

當火災剛開始，黑色的濃煙還沒有把整個空間掩蓋前，發出的火光可以讓光敏電阻產生反應，利用這開始的瞬間，發出警報音，可以爭取更多的逃生時間。請自行把光敏電阻和熱敏電阻一起用 Arduino 來實作出火災警報器。

不過，使用光敏電阻有個缺點，晚上關燈睡覺時啟動警報系統，萬一夜間想要上廁所把燈打開，它會…！

17.6 結語

火災警報器是居家安全防護的重要一環，閱讀完本單元，相信應該能夠具有足夠的能力自製一個簡易型的火災警報器，讓居家生活多了一個保障，除此之外，是否可以再想想，還有哪些偵測器可以讓居家安全更進一步提昇呢！

M · E · M · O

18

夜間警衛

學後成果：居家安全是未來智慧家庭相當重視的一環，它包含了入侵偵測、火災警報、瓦斯外洩警報等，甚至將個人健康，如血壓心跳等都可加入居家安全的守護中。閱讀完本單元，你可學會：

- ✓ 了解入侵偵測方式
- ✓ 認識紅外線感應器
- ✓ 實作簡易紅外線入侵偵測器

18.1 入侵偵測常見方式

一般居家常見的入侵偵測方式，如裝置在門邊或窗戶邊的磁簧式感應器，當有人嘗試打開門窗時，磁簧彈開而產生警報。

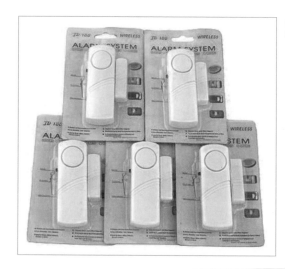

🕷 守護神加長版門窗磁簧警報器

左圖為市面上常見的磁簧式門窗感應器，此種感應器必須要將它正確安置在門邊、窗邊，它的運作原理是機器內部有一個磁簧式開關，當門窗被打開時，由於磁石遠離，造成開關斷開而發出警報音，讓歹徒驚嚇逃離。

更高級的居家安全，會將它全部集中，透過安全的防護主機控管，一但發生異常，不但會發出警報音，而且可以同時自動打電話報警等。

此種磁簧式警報器，必須要額外施作，在使用上較為不便，因此一般的居家安全，有許多人採用紅外線偵測器，這種紅外線偵測器只要置放在需要的室內空間，當有人進入該室內空間時，就會發出警報音。

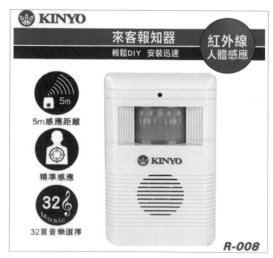

🕷 KINYO 紅外線來客報知器

左圖為 KINYO 出產的紅外線來客報知器，裡面有一個偵測人體紅外線的感測器，紅外線（Infrared）簡稱 IR，這個感測器也稱為 PIR 移動感測器！

任何發熱的物體都會輻射出紅外線，因此透過偵測紅外線位置移動變化來判斷是否有外人入侵，而且隨裝隨用，方便應用在家庭安全上。不過它也有缺點，如果家裡有養小寵物，晚上到處亂跑，牠也會誤觸發警報器的！

18.2 紅外線感應器接線與操作

在正式實驗之前,先將紅外線感應器與 Arduino 輸出入擴充板接好。

 DYP-ME003 紅外線感測模組

右圖為本次使用的紅外線感測模組,它的上方有一個塑膠製的平凸透鏡,可以增加感應範圍,偵測距離大約 3~7 公尺,範圍大約在 110 度夾角之內。

在圖中有二個黃色的可以調整的旋鈕,它可以調整感測距離和偵測到人時持續輸出高電位訊號的延遲時間。在這裡不做任何調整,直接採用出廠值。

 GVS 接腳

將感測器翻過來可以看到完整的電路,這個感測器已經將相關必要的各項零組件預先組裝焊接完畢,所以使用上相當方便,只要把底下的三支接腳接到 Arduino 上即可。

注意腳位,V 指的是 VCC,就是要接到 5V 的電壓接腳上;S 指的是訊號(Signal)輸出,有時也標示 OUT;G 指的就是之前學習到的 Grand,也就是負極地線。

紅外線感測器接線圖

右圖使用單條的公對母杜邦線來接續,黑色是地線(G),橙線是 5V 供應電源線,白線是訊號線,接到第 7 號數位腳位。

紅外線測試程式

右圖為非常簡單的紅外線測試程式,定義一個「紅外線」的變數,啟用數位腳位 7 為輸入,如果當時接的信號腳位不是 7,那這裡就要修改。

利用變數紅外線,每隔一秒鐘讀取一次來自數位腳位 7 的值,用滑鼠點擊「綠色執行旗」之後,等待幾秒鐘讓紅外線感測器啟動,然後用手在感測器前揮揮手,看看紅外線變數值會不會從 0 改變為 1。

提示
感測是移動感測,所以靜止不動時,會當做沒有人來處理。所以非常非常緩慢的移動,可以「騙過」感測器,因為實驗用的感測器並非專業用品。

18.3 流程圖規劃與偵測程式撰寫

紅外線偵測流程圖

右圖為紅外線偵測流程圖,我們嘗試設計一個按鈕,當按鈕按下去之後開始倒數計時 10 秒鐘,接下來就一直持續的讀取紅外線偵測器的值,當發現有人移動侵入,就播放一段警報音,然後結束程式,整個流程並不難!

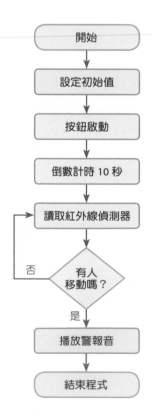

角色配置

從內建的範例圖庫中，配置二個不同顏色的按鈕造型，以及紅色的眼鏡，做為監控中的圖示。

另外為了實現倒數計時，將 0~9 的造型圖示也一併加入。（注意造型的名稱）

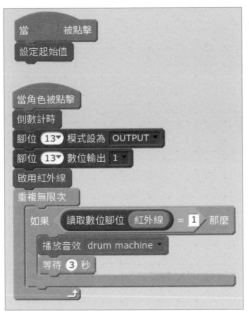

主程式

主程式分二個區塊：

❶ 當綠色旗執行按鈕被按下時，進行初始化的動作。

❷ 當角色被點擊時，先執行倒數計時函數，然後將第十三腳位（紅色的 LED）點亮，啟用紅外線之後開始進入紅外線偵測器的監視，程式不停的讀取紅外線腳位的數值，如果是 1 就表示有物體在移動，這時就發出聲音。

 起始值與啟用紅外線偵測

左圖為設定起始值自定義函示積木。將紅外線偵測輸入的腳位設定為 7（請依據實際接線腳位調整），並且將倒數起始值設定為 9。

啟用紅外線只是將數位腳位設定為輸入，因為我們要從紅外線偵測器中取得資料。有資料為 1，沒有資料為 0。

倒數計時函式積木

左圖為倒數計時函式積木，其中要注意的是：我們將倒數起始值和 -glow 組成一個新字串，例如 9-glow，而這個新字串是配合角色造型的數字造型用的，因此它會自動組合成。

9-glow、8-glow、7-glow... 等，就可以做成倒數計時的顯示畫面。

最後一個更換造型的動作，只是把角色改成一個紅色的眼鏡，表示監視進行中。

完成程式碼之後，試著執行看看，然後用手在紅外線偵測器前方揮動看看，是不是可以偵測到手的移動並且發出一小段聲音呢！未來能力更強時，可以在偵測到有人入侵後，啟動攝影機、大型的警報器聲響，就可以有效嚇阻達到入侵偵測的目的。

18.4 結語

入侵偵測是居家安全防護的重要一環，閱讀完本章節，應該具有足夠的能力為自己的家庭，安裝或自製一個簡易型的人員進入偵測器，讓居家生活多了一個保障，除此之外可以再想想，還有哪些偵測器可以讓居家安全更進一步提昇呢！

搖桿迷宮

學後成果：迷宮 Scratch 是遊戲設計中很典型的一種，使用者利用鍵盤（或搖桿）在迷宮中行走找到出口。本單元先從一般的鍵盤迷宮進化,到使用 Arduino 搖桿迷宮。

學完本單元之後，可以學會：

- ✓ 知道迷宮的設計
- ✓ 了解搖桿的四個方向類比訊號
- ✓ 能利用搖桿取代傳統的鍵盤迷宮

19.1 迷宮設計

迷宮的設計可以很複雜也可以很單純,如果使用者在移動時,是面對一個會捲動的大型迷宮,這種設計難度就較高,讓我們先從單純的迷宮開始練習。

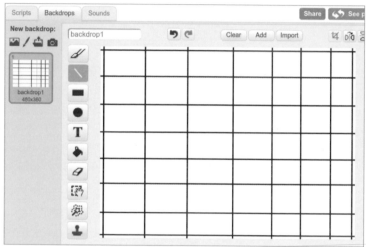

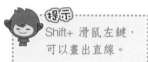 畫出直線和橫線

先開一個新的專案程式,點選預設的白色舞台背景,然後利用線條工具畫出任意的直線與橫線。

提示
Shift+ 滑鼠左鍵,可以畫出直線。

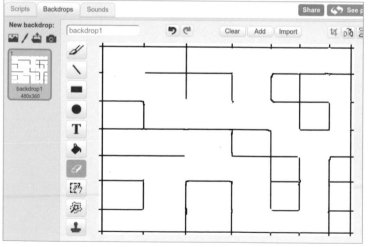

 利用橡皮擦去除不要的間隔線

利用橡皮擦工具去除不要的間隔線,如左圖所示。

你可以依自己的需要做出不一樣的迷宮。

提示
迷宮的牆(線條)不要太細。

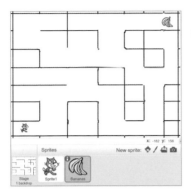

加入角色的間隔線

適當的加入角色,以左圖為例,小貓在入口,要上下左右
前進到香蕉的位置,結束程式。

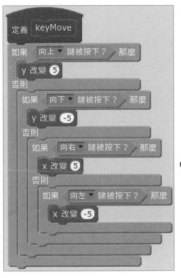

自定義鍵盤移動函數

左圖為自定義的鍵盤移動函數,依據使用者按下的上下
左右鍵,分別改變 x 和 y。

這裡的移動是 5 個單位,如果測試時發現很容易碰到迷
宮牆,可以調整這裡的數字,適當的縮小按一次移動的
距離。

> **提示**
> 口訣:左負右正(左減右加)下負上正(下減上加)

走迷宮主程式

左圖為走迷宮主程式,透過自定義的移動函數,整個程式
變得很簡潔易讀。

先把小貓定位到起點(210, 150),然後依據使用者按鍵
移動,當碰到黑色(迷宮牆的顏色)就回到起點,碰到香
蕉角色就說句話,然後結束程式。

> **提示**
>
> 要挑選顏色,先點選 碰到顏色 ■ ? 後面的顏色格,
> 注意,這時滑鼠指標會變成「手指標」,然後去點選需
> 要的顏色,就可以改變顏色格的顏色。

19.2 認識搖桿與測試

搖桿在電腦遊戲中扮演十分重要的角色，利用它來控制遊戲的角色，在電腦畫面中移動跑跳，是玩電腦遊戲中不可或缺的重要法寶，現在市面上的搖桿都做得十分精美，但為了實驗，使用的是很陽春的搖桿。

 實驗用搖桿

右圖為實驗材料包裡的搖桿，雖然很陽春，但也可以上下左右推移。

 與 Arduino 接線

這次使用是五個接腳，所以用五條線，注意地線（GND），不要接反。

X 軸的訊息透過 A2

Y 軸的訊息透過 A3

請檢視搖桿上的編號以及擴充版上的編號。

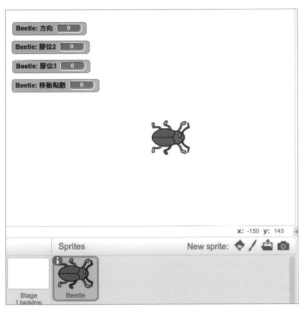

 建立新專案

先建立一個新專案，然後使用 Beetle 角色。

建立四個變數

分別建立四個變數：

- 腳位 X：用來指定 X 軸類比腳位
- 腳位 Y：用來指定 Y 軸類比腳位
- 方向：依據讀入數值指定移動方向
- 移動點數：小蟲一次移動多少點

設定初始值自定義函數

自定義設定初始值函數，內容如左圖所示，類比腳位為 X 接到 A2 腳位，Y 接到 A3 腳位。

啟用腳位自定義函數

啟用腳位函數很簡單，將類比腳位 A2 以及 A3 指定為 INPUT 輸入模式。

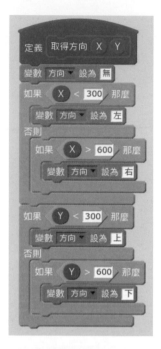

取得方向函數

將讀取到的搖桿 X 和 Y 數值，傳入取得方向函數來計算應該向哪個方向移動。

X 軸和 Y 軸是類比輸入：

讀取到的 X 範圍 0（最左）~1023（最右）

讀取到的 Y 範圍 0（最上）~1023（最下）

平常搖桿在中間時，它的值接近（500, 500）設計時，較不建議採用極限值，例如 X 一定要讀取到 0 才向左移動，因為必須把搖桿用力推到底，所以採用接近值處理。

以左圖為例，X < 300 就設定為向左，也就是不用推到底也可以移動方向。建議多嘗試看看。

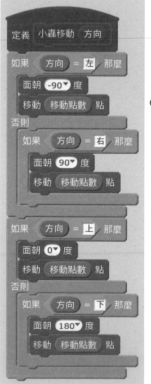

小蟲實際移動函數

把剛才計算得到的方向結果，傳入到小蟲移動的自定義函數中，依據方向來實際移動小蟲。

 提示

也可以將取得方向函數與移動函數二個整合成一個函數，可自行嘗試修改。

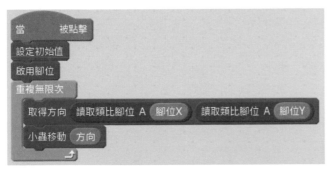

小蟲移動主程式

透過自定義函數，可以大大簡化主程式，主程式設定初始值、啟用腳位，最後一直讀取類比腳位 AX 和類比腳位 AY，並且利用這二個數值去計算要移動的方向，最後正式移動它。

程式設計完畢，執行看看能不能利用搖捍來移動小蟲。

19.3 搖捍迷宮

有了第一節和第二節的觀念和技巧後，要做出搖桿迷宮就是輕而易舉的事情！只要把第二節的程式稍加修改，增加碰到迷宮牆就回到原點、拿到香蕉就結束程式的判斷碼就完成搖捍迷宮了。

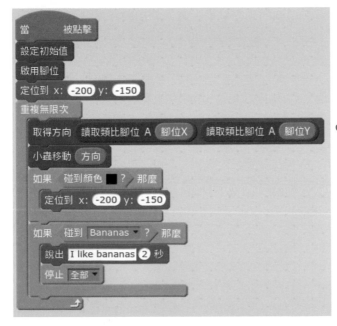

搖桿迷宮主程式

左圖為搖桿迷宮的主程式，底下的判斷就是第一節使用的判斷，二者結合就完成了。

提示
請多嘗試使用自定義函數的思考模式與撰寫習慣，可大大提高程式的可讀性與實用性。

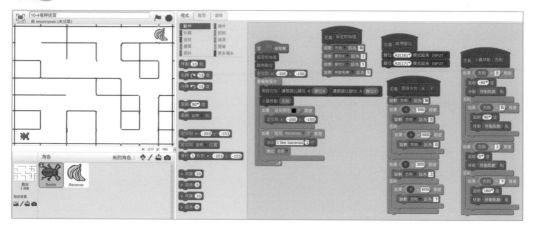

搖桿迷宮完整畫面

如果要讓迷宮難度高一點，可以在路徑上設定不可碰觸的怪物或障礙，這些就留待自行設計與考驗了！

19.4 結語

Arduino 提供了許許多多與外界溝通的管道，如學習過的熱敏電阻、光敏電阻、三色 LED 燈、紅外線等等，但是回到原點思考，如何利用這些取得的資訊做進一步的處理，仍然必須要使用程式設計的觀念與技巧，才能將週邊的應用面落實。以上種種，就需要不停的閱讀、學習與嘗試錯誤，才能更加精進！

實戰 Scratch x Arduino 運算思維能力養成

作　　者：吳紹裳
企劃編輯：莊吳行世
文字編輯：詹祐甯
設計裝幀：張寶莉
發 行 人：廖文良

發 行 所：碁峰資訊股份有限公司
地　　址：台北市南港區三重路 66 號 7 樓之 6
電　　話：(02)2788-2408
傳　　真：(02)8192-4433
網　　站：www.gotop.com.tw
書　　號：ACH022300
版　　次：2018 年 08 月初版
建議售價：NT$350

國家圖書館出版品預行編目資料

實戰 Scratch x Arduino 運算思維能力養成 / 吳紹裳著. -- 初版.
-- 臺北市：碁峰資訊, 2018.08
　面 ;　公分
ISBN 978-986-476-896-7(平裝)
1.電腦動畫設計　2.微電腦　3.電腦程式語言
312.8　　　　　　　　　　　　　　　107013010

讀者服務

● 感謝您購買碁峰圖書，如果您對本書的內容或表達上有不清楚的地方或其他建議，請至碁峰網站：「聯絡我們」\「圖書問題」留下您所購買之書籍及問題。(請註明購買書籍之書號及書名，以及問題頁數，以便能儘快為您處理)
http://www.gotop.com.tw

● 售後服務僅限書籍本身內容，若是軟、硬體問題，請您直接與軟體廠商聯絡。

● 若於購買書籍後發現有破損、缺頁、裝訂錯誤之問題，請直接將書寄回更換，並註明您的姓名、連絡電話及地址，將有專人與您連絡補寄商品。

● 歡迎至碁峰購物網
http://shopping.gotop.com.tw
選購所需產品。